爱而生，
优雅而立

不溺于流俗，淡然从容

Love
&
Grace

颜巧霞 著

民主与建设出版社

· 北京 ·

©民主与建设出版社，2024

图书在版编目(CIP) 数据

为爱而生，优雅而立 / 颜巧霞著. — 北京：民主与建设出版社，2019.1 （2024.6重印）

ISBN 978-7-5139-2403-0

Ⅰ.①为… Ⅱ.①颜… Ⅲ.①女性－成功心理－通俗 Ⅳ.①B848.4-49

中国版本图书馆CIP数据核字（2018）第290257号

为爱而生，优雅而立
WEI AI ER SHENG, YOU YA ER LI

著　　者	颜巧霞	
责任编辑	刘树民	
出版发行	民主与建设出版社有限责任公司	
电　　话	（010）59417747　59419778	
社　　址	北京市海淀区西三环中路10号望海楼E座7层	
邮　　编	100142	
印　　刷	三河市同力彩印有限公司	
版　　次	2019年2月第1版	
印　　次	2024年6月第2次印刷	
开　　本	880mm×1230mm　　1/32	
印　　张	6	
字　　数	180千字	
书　　号	ISBN 978-7-5139-2403-0	
定　　价	48.00 元	

注：如有印、装质量问题，请与出版社联系。

PART A
无关风和月

PART B
微雨燕双飞

PART C

结发为夫妻

PART D
恩爱两不疑

PART 5

君心似我心

PART A

无关
风和月

她们再也不会像青春年少时那样

彼此热烈地说什么。

她们浓烈如酒的感情像昙花一现，

像列车交会的刹那，

她们在生活里又结交了新的朋友。

青春时候开来的那两辆友情的列车，

交会后又各自奔向远方。

——《以为一辈子》

"扮嫩"的女人

　　范瑜打那儿一站，立马就有了一个热闹的圆，她是圆心，半圈男同事，半圈女同事。男同事们嘻嘻哈哈地夸身着针织披肩、白色吊带、牛仔热裤的她："老范，你去年二十，今年十八！"女同事们则七嘴八舌发问："范姐，最近脸蛋显白嫩，吃了仙草还是用了BB霜？牛仔热裤网上淘的？"范瑜这边利利落落地回答女同事的问题，那厢见缝插针跟男同事插科打诨说几句笑话。然后抱着一堆报纸，蹬着时尚的罗马鞋，风摆荷叶般走了，留给众人一个婀娜的背影和若有所思的神情。

　　循着范瑜曼妙的背影，初次见着的人，心中有疑问，美人芳龄几何？对于年龄，西方人喜躲躲闪闪，指望欲盖弥彰，总是说，It's a secret（这是秘密）。中国人人情练达，世事看得通透，俗语有云，世上没有不透风的墙，秘密无处躲藏。单位众人皆知报纸收发员范瑜是中年大妈，女儿研究生已经毕业。她今年四十有五，再寻根究底到家族家谱上，范瑜的老父亲几年前患糖尿病并发症去世，范瑜在次年的单位体检中，也被检查出糖尿病，医生轻描淡写地说："应该是遗传！"一纸患病的诊断，像一颗炸弹扔在四十岁的范瑜面前。

　　范瑜去烫了当年最流行的烟花烫，服饰也一改周身灰鼠色，上衣的颜色极尽出挑斑斓，草绿、桃红、明黄下面搭配紧身的牛仔裤。众人跌破眼镜地瞧着她，她把自己当成二八好年华了？这嫩得水滴滴的颜色也敢穿？一些还不知道她患病的女人在心里嗤之以鼻，看这老黄瓜刷绿漆——装嫩。晓得她患病的人也颇有想法，这钱不留着看病，打扮得跟个小姑娘似的做什么？

日子久了，众人才看出端倪来，范瑜的"扮嫩"是一剂好药，她身上不着一点病人的痕迹，却比以前年轻漂亮了。这下都觉得范瑜活得在理，万千好药不如好心情。女为悦己者容，她忙着逛街美容扮嫩，过得如鱼得水，病痛都被挤得无影无踪。不得不承认有时病痛如任性的孩子，你越捧着他，他越蹬鼻子上脸，你无视他，他也就乖乖待一边去了。更妙的是，一段日子后，范瑜的审美趣味也变高端了，挑出的衣服既嫩且适合她，她身着针织衫、吊带。吊带显然是小姑娘装，但因为她的一袭针织衫是老成的深蓝，且长及臀部以下，穿在个高苗条的她身上显得既嫩又不突兀。

那些跟范瑜同龄的女人们，从前不敢苟同她的扮嫩。如今，看到她活得这样快乐明媚，都阵前倒戈，也有样学样起来，时常地抓着范瑜探讨一下化妆技巧、服饰搭配。比范瑜小的女人们则由衷地感叹，要是她们长到范瑜那岁数，遇到范瑜那样的病灾疼痛，也能活成她那样，也就不枉此生了。

微信上的重逢

　　曾经，我与新朋旧友、近亲远戚的关系就像海底的鱼，在各处散游，自装上了微信，它像一张网，把与我有丁点交集的人们一"网"尽兜到身边来。

　　微信岂止是"网"？微信的朋友圈像电视，现场直播各种剧情的生活，夫妻恩爱、母女情深、天伦之乐等种种生活情景剧每日都在上演，偶尔也有陈世美和秦香莲的剧情穿插。微信上最让我开眼的，不是生活剧的现在进行时，而是从前生活的后续播放。

　　得闪回十五年前去，晶和国是我的同班同学，晶又是我的室友。纯真年代的我们都还不懂得遮掩心事、隐藏秘密，我们一个宿舍的人都知道晶喜欢国。某日，男生中有人传话过来，国周六的晚上要约会晶。那晚上，晶熬了夜，费心地用彩色的透明塑料丝编织一条粗手环。她打算周六晚上与国见面的时候，把手环送给国。结果是晶遇见了青春时候很常见的那种玩笑，国没有赴约，这不过是两个男生之间的赌约。国不喜欢晶，似乎很大原因是她长得不对他的胃口。国清瘦有型，晶则是球状的人儿，圆圆的脸上一对小眯缝眼儿，身子也圆滚滚的，虽然她性格活泼，歌唱得棒，舞跳得也婀娜。

　　一毕业当然各安天涯，但现在有了微信，人们都"海内存知己，天涯若比邻"起来，我们一个班的人都在微信上聚头了。

我从微信视频里见到晶的时候，惊讶得头脑短路，只能想起那句俗气又颇有震撼力的句子"女大十八变"！现在的晶，双眼皮，锥子脸，身材纤细有致，娉婷袅娜。

朋友圈里，晶练瑜伽、跳肚皮舞、美甲、逛街买新衣服……现在那么瘦的她常常说自己胖得日子没法过了。以前她胖的时候从来不说自己胖的。我也很惊讶，她的每一条说说下，男同学们都点赞一片，高呼女神。我留心一个人，国居然也在。晶晒了喝下午茶吃点心的唯美照片，配上说说："等喝完下午茶再减肥！"国在下面评论："你哪里胖？一点儿都不胖。"晶又晒出一家餐厅，洁白的骨瓷盘，锃亮的刀叉，黑椒牛排，漂亮的女闺密坐在她对面，说说上写："女人要对自己好一点，等我们吃了这牛排，再减肥！"国评论道："太瘦的女人贫穷相，你这样刚刚好！"这剧情的反转，我都要在心里笑出来，更何况晶？

她心里一定痛快，像张爱玲《倾城之恋》里的白流苏，跳舞归来，抢了侄女风头的那种解气："你以为我完了，还早着呢！"

国很像我微信上的另一个人。

他曾是我弟在模具厂上班时候的技术指导。当年的他每每趁着我单位放假的日子，伴我弟一起来我家，一坐就是几个小时。我明白他的意思，只是我那时已有男友，当然对他视而不见。

他从我新开的微信公众号找到我，并且隔三岔五发来殷勤的问候。我简直要自作多情地以为往不惑之年一路狂奔的我，依然有几许魅力！事实上，数日的问候之后，他终于切入正题。他问我买不买保险？他现在就职于一家保险公司。他有几种特别好的险种很适合我。他这一问，让我不由得笑起这微信上的重逢，真是不可言喻。

以为是一辈子

思玲和青云来到同一所师范学校读书，她们恰巧分到同一个班，再互相一询问，她们同年，素不相识的她俩还来自同一个小城，只不过家不在一个区。几个"同"字一写，友情的列车交会，两个姑娘好得跟一个人似的，一起排队打饭，一张桌上合吃一碗菜，冬夜一个被窝里取暖，一起乘列车回故乡。她们发誓要做一辈子的好闺密。年轻的时候，不论友情还是爱情都以为是一辈子的事，还不明白人们喜欢用列车来比喻人生，是看出了列车轰隆隆地飞驰而走，太像人生。

年轻的她们想当然地以为同回故乡小城教书，没有时间、空间的阻隔，感情会一如青春年少的时候，浓烈醉人，故乡将是她们友情列车的终点站。

其时，思玲恋爱了，她有个谈了六年的男友。以前青云一直是从思玲的描述中想象他，一米八几的个儿，善良风趣，是高帅穷。思玲不在乎他穷，他属于潜力股，学建筑的，从建筑学院毕业后，没回到故乡小城来，他留在大城市的职场里，入职场两年后便升为项目经理，年薪在故乡的小城可以买上一幢房，又有好几家颇有名气的设计院想挖他。思玲每每在讲述男友的时候，一脸幸福甜蜜，春风得意。

青云有人追，但总没有能入眼的。等逢假日见到思玲的男友沈之颂，青云的眼睛亮了。他果真帅气阳光，有着韩剧里男主角一般的身形气质。

思玲是烟火凡俗的一个女子，爱的是衣服、化妆、肥皂剧。青云不如思玲漂亮，然而淡静、温柔、腹有诗书，与沈之颂初次见面便棋逢对手，侃侃而谈，从文学到时事。思玲在厨房里忙碌着准备晚餐。他们的谈话，思玲偶尔去听一下，发现自己丝毫插不上嘴。那日的晚餐，三人看似都很开心，只是思玲是假装的。

青云的父母在外地从事流动的运输业，她是独自一人留在故乡教书的。沈之颂归来的日子，思玲便邀青云相聚，三人饕餮大餐。青云来，沈之颂就特别健谈。思玲倒像听他们辩论和演讲的观众。当初，她和沈之颂不也是如此话多？但如今他和她的感情已走过八年，八年抗战都胜利了，他们的感情也平淡了。

思玲虽不爱读书，却聪明，她明白这世上有些东西是不能分享的。思玲不再邀青云来。沈之颂问起青云，思玲回得巧妙，青云她恋爱了。沈之颂怔愣了一下，也就没再追问下去。

等青云决定跟网上相识的人恋爱的时候，思玲和沈之颂终于结婚了。青云打算投奔网恋的男友，思玲一再劝阻她慎重考虑，但青云是个性倔强的女子，再说会念书的她也考取网上恋人所在城市的研究生了。

等青云近距离靠近网上恋人后，发现他除了一份奋进心剩下的就是矮矬穷。众叛亲离奔爱情去的青云向思玲伸出手，她需要有稳定工作的思玲给担保出一笔钱，让男友做生意。

思玲拒绝了，一来自己买了房，二来青云的网恋男友是不是可依靠的对象，思玲心中担忧着，她心底藏底线，她只能资助青云，她以外的人，不行。后来，不知怎么的青云的男友咸鱼翻身，挣了大钱，在大城市里买了阔大的房，又新买了豪车，也欢天喜地和青云携手进围城，是花好月圆的结局。

现在身在远方的青云会和思玲互发节日短信问候，但她们再也不会像青春年少时那样彼此热烈地说什么。她们浓烈如酒的感情像昙花一现，像列车交会的刹那，她们在生活里又结交了新的朋友。青春时候开来的那两辆友情的列车，交会后又各自奔向远方。

"唠叨"如使绣花针

某一日，我家那人向我叫嚣："你缺点真多，书到处扔，家里凌乱得像摆地摊，马人哈到登峰造极，出门忘钥匙，夜宿忘关门，唯有一个优点，不爱唠叨。"我反击得让他相当牙痒："我是聪明人，该糊涂的糊涂，该精明的精明，我也唠叨，对象不是你！"

在我眼里，"唠叨"如使绣花针，男人大多是那种粗纱布材质的，你一针下去，针扑哧一声从宽松布眼里掉下去，能绣出什么花开富贵来？还不如控制下自己的嘴，少做嘤嘤嗡嗡惹人烦的"苍蝇"。

世上的事说不准，有人嫌你烦，有人巴不得你对她唠叨几句，且看邻家婆媳的相处模式。媳妇是个气质优雅的钢琴老师，但待人如数九寒天，冷。对她婆婆更是一副下了严霜的面孔。婆婆是一位勤快老人，忙了全家的一日三餐忙洗涮。后来，老人一个劲惦记着回乡了，临走前老人吐露心声："媳妇她要是给个笑脸，多跟我说几句话，我给她做牛做马也是愿意的……"原来，抛开自己乡下的家来到城里为我们小日子出力的老人，想要我们跟她们多说话。

我家婆婆每日起得早，我们起来桌上是熬好的粥，煮好的鸡蛋。我说上一句："妈，你也吃鸡蛋。"她笑嘻嘻地答："你吃，你吃！"我接着说："不要你省，你也吃！"中午，她做了一桌菜，却只拣几块素菜在碗里。我唠叨开了："妈，不要你省这几块菜，你要多吃，吃得壮壮的，你这司务大总管结实了，我们才有现成饭吃，现成衣穿！"我唠叨的时候，我家那人就很有眼力见地把鸡鱼肉蛋扒拉一些放婆婆碗里。吃不完的饭菜，婆婆不舍得倒，我又说："不要你省，倒掉倒掉，你不记得上次胃疼了，你受罪，我们更受罪？"那人立马端起盘子把剩菜剩饭倒垃圾桶里去了。婆婆嘴上说："你们是没过过苦日子，不知道好歹呀！"面上却含着微笑。

晚上，天将黑未黑，我们到家，婆婆在厨房里忙碌着，灯也不开。我赶忙打开灯，向她抱怨："妈，让你不要省，灯也不开，你上下楼梯能看得清？"那人跟在我后面也说："你省的那几个小钱，还不够一包烟钱！"

在我们每日"不要省"的唠叨里，婆婆却是一点儿也不嫌烦，还常常哼着小曲干家务活。

我在婆婆这块细致的布上，使"唠叨"这枚绣花针显然得当，成功描绣出一幅人和家兴的好美景。

恰似姐姐的温柔

天像坏脾气人的脸，极阴沉，到了下午，天空中竟飘起了小雪花。两个表姐要出门逛街，这天气去逛街实在不是好的选择，但我还是听从表姐们的建议，兴致勃勃地去开了车，陪着她们出门。她俩已经在房间里给我说过逛街的目的，打算去街上买一件好看的衣服送给表嫂。表嫂是浙江人，她是正儿八经的外地媳妇，姐妹们理所当然要表现出当地人的热情和家里人的温暖。

表嫂与表哥结婚十多年了，两人感情和睦，他们相互扶持，从一穷二白到现在房子买了两套，还生了一个可爱的女儿。表姐们竟然还像初次见表嫂一样，打算特地去买礼物送给她，这让我很讶异，表姐们的眼神里全是——你年轻你不懂的意味深长。

表哥年轻那会，身材高大，又长得星眉朗目，丝毫不费力气就收获了一份爱情。他和他的女友是我们眼中的金童玉女，都以为他们会花好月圆。可惜，女友的父母看不上表哥，嫌弃他是个穷小子，要求女儿与表哥断绝来往，女孩在父母绝食的威胁下，丢弃了爱情，与表哥分手。此后，表哥一蹶不振，一连数天躺在床上不吃不喝，慌得一家人食不下咽，表姐们更是各种劝告安慰开解。

数日后的一天，表哥突然在家里宣布，他要离开故乡，去南方的城市找工作。家里人虽然舍不得他远走他乡，但也一致认为，表哥离开了家乡，他的爱情说不定会柳暗花明，另遇妙人，缔结姻缘。

表哥去了浙江，他在一个厂子里找到了一份机修工的工作，囊中羞涩的他租不起房，就住在厂里的单身宿舍。他时常去厂子隔壁的超市买东西，其中的一位营业员姑娘偶尔会与他说上几句话，年龄相当的他们话很投机，渐渐的，互有好感的两人谈起了恋爱。表哥用电话向远在江苏的表姐们通报了这份新的恋情。他掩不住得意地说："她上有四个哥哥，是家里最小的女儿，是她爸妈的掌上明珠，她还有一个好听的名字，晨花。她的人一如她的名字，像早晨还沾着露珠的花朵，惹人喜爱……"表哥终于领着美丽的她来到家里，表姐们比表哥更惊慌失措，她长得比表哥的初恋女友更美，表姐们真怕爱情之神再次丢下表哥而去啊！

表姐们把口袋掏了个底朝天，拿出身上所有的钱，又把这些钱合在一起，去了当时街上最好的女装专卖店买了一件呢子大衣送给了初次见面的浙江姑娘。也许是这次爱的力量更坚实，也许是表姐们的温暖相待，尽管表哥贫穷一如当年，浙江姑娘却与表哥结婚了。在表姐们的帮助和支持下，他俩在浙江买了一间60平方米的房，作了婚房。后来，是一马平川的好日子，表哥踏实苦干，他精湛的维修技术屡屡挽回了厂里的损失，厂里的领导把他的薪水翻了几番。十多年过去了，表哥又买了大房子。

不过，只要表嫂回乡与表姐们团聚，她们不论多忙都会上街给她买上一件衣服，一如当年。张爱玲说女人是同行，但做姐姐的，却不会嫉妒那陌生、善良嫁进门的姑娘，她们对她的爱，恰如这天上越卷越狂的雪花，这漫天的雪花也恰似表姐们温柔从不言语的爱。

有心共饮时光

　　她有一位相交几年的好友，初时，因缘际会相识，相识后却发现彼此志趣相投，都是热爱阅读和写作的人，来往就日益频繁起来。

　　在彼此的空暇里，她俩总是聊起正在阅读的书籍，再从书籍延展开去，谈到孩子的教育、工作中的烦恼，相谈的每一个话题两人都是心有戚戚焉的默契。她甚至对这位友说道起"理想"的事儿来！其实，她内心十分清明，成年之后，"理想"不足与外人道也。谁要天真地、言之凿凿地描绘未成的理想，就是授人以柄，给他人一个耻笑自己的机会。她对友却卸下防御的心门，不管不顾地交了底。

　　此友却未辜负她，甚是宽容理解她，比她年长的友是有着少年心劲的人，自己活得生机勃勃，亦对她不着边际的理想，抱之坚定的赞同和鼓励。

　　几年内，她拼命赶路，朝着远方花园里那朵虚幻的美丽的理想之花赶去，却发现此路山高水长，她连一个最小的山头亦没能翻过去。而友却马不停蹄地攀爬了一个又一个的山头，站在了更高的位置，看到了更好的风景。

　　在山底盘旋的她，需要抬头仰望好友了，自卑仿佛山上的云雾裹挟了她，她打定主意要活在自己的世界里。她决定，低处的她和高处的友，再不两两相望。

友一如往常带来阳光般的问候，她却不再应声，只管关上自己的心门。

友却不管她的冷漠，每日只是如常，把自己阅读的文章拍了照片发给她看。

友在阅读《诗经》，每一篇上的生僻字都用红色的笔标注了读音和释义，又写下了大篇的注释和读后感，让人看上去特别触目和感动。果然，她忍不住回应起友来，她说，她也要去买本《诗经》阅读起来，虽然早已知道《诗经》里的一些篇目，但对古老精妙的文字唯有像友这样精读才不算辜负。

友开怀大笑地说："当然是与从前一样，我读完这本《诗经》就送给你。我现在作好注释，你可以直接拿来看，省却翻字典的时间！"她的心像荷叶上的露珠被风吹拂，滴溜溜快乐地转了一圈，漾起了幸福。

她没有像友那样说出珍惜彼此友谊的话语。但她亦是认真对待再续前缘的友谊，想起友说过，喜欢沈从文的文字。她在阅读沈从文的《一指流砂》时，便小心翼翼地读着，舍不得把上面的纸张弄脏一点儿，下雨的时候，她就把书抱在怀里用身体为书挡去湿雨，她打算着，等友人送她《诗经》的那会儿，她就把《一指流砂》送与友人。

其实，不论是爱情还是友情，人世间的许多感情都仿佛一杯茶，初端上，热气腾腾，香气四溢，怎么嗅都美！在时光日复一日的消磨中，茶渐冷，情渐淡。但情之所起的两人，如果有心共饮时光，懂得添柴加火，温炉煮茶，这茶却又是一番耐人寻味的好滋味。

人群中多看了我一眼

　　会议结束后，会议主办人站在门口送与会者离开，他身形俊逸，气质儒雅，脸上挂着恰到好处的笑容，对去客频频表示谢意。我们单位的头儿，领着我们三步并着两步，走到他面前，把我们一行人挨个介绍给他。头儿似乎很期望他能对我们中的谁，像从沙堆里发现金粒般起了兴趣，如若才识出众的他能收我们为弟子，头儿也能落个"伯乐"的美名。然而，我敢肯定，我们中的谁他也不能记住，他的目光从我们的身上淡淡地扫过去，是秋风扫落叶般的大而化之的忽略。我们是一群太过普通的人，那种普通像一块荒地，荒烟蔓草，让人的眼无法停驻。就在那淡漠的一眼中，我的心惕然警醒，如果我一直这样生活，会遇到越来越多这样的眼光，客气又疏离，不能给你发自内心的尊重或者激赏。

　　我开始思索在自己的"荒地"上种下些什么？那就种文字吧。我开始悄悄又勤奋地写文，我那日复一日、年复一年、四时八节都在写文的姿态，终于被身边的人一览无余，他们问："你费那么大劲儿写那些文章干什么？能卖出钱吗？"我羞赧地回答："还不能卖出钱！"他们用瞧傻子样的神情接着怼我："那你写了干什么？有那时间不如看看电视聊聊天，既轻松又愉悦！"我不再辩解，如何让人明白，我只要想到我这块地是荒地，就无来由地恐慌，觉得日子不够实在。

这一写就是两年，又有人问我："你的文字能卖出钱吗？"我有些惊喜地回答："今年终于有了一点儿收成，收到了一些稿费。"他们问："多少？"我坦然地说："一千二百元！"其中一人笑得惊天动地："你只赚了一千二百元，你点灯熬油的钱赚得回来吗？做什么都会比写文挣得多吧？"

我只知道我的荒地上，曾经空空如也，在我的勤勉耕作下，已成了一个小小的"文字园"，时不时开出一朵朵文字小花，我还收获小小的带甜味的果——稿费了。

当我的文章越来越多地在全国各地的报刊上发表，收到更多的稿费单的时候，我确实有丰收的喜悦感，像有一片农场的农场主，拥有一个"文字园"的我精神上变得丰饶起来，是家有余粮的自信。

被一位友人邀请去参加一个聚会，在聚会上，我竟然偶遇了他，多年前单位的头儿心心念念想让我们结识的他，此时的他学而优则仕，成了我们系统主管部门的领导。

友人向他介绍，经过多年的勤耕细作，我有一个枝繁叶茂的"文字园"。他从友人嘴里，重复了一遍我的名字，又认真地看了我一眼，那一眼里有不敢置信的光芒，跟多年前的淡漠疏离不一样了。

后来，我的一份证明材料需要主管部门的领导签字，这时我想到了他。我给他打了电话，他显然记得我，二话不说就答应了我。

在乡下视察的他与我约定好在城市的公交站台见面，当他从乡下赶到公交站台时，我却被堵在了路上，在他足足等了我半个小时后，我终于赶到，拿到了他的签字。

再后来，他每次来我的单位视察，总是能从一群人中叫出我的名字，热情地招呼我，好像他已经认识我多年。

种植一个"文字园"之后，竟然能让当初淡漠的人，从人群中多看了我一眼，这是我意料之中也是意料之外的事儿。

珍惜，让我们成了新人

邻家婆婆独自偷偷饮泣，被我婆婆听到，前去劝慰。其实无甚大事，那位婆婆与媳妇因琐事斗嘴，媳妇一气之下回了娘家，儿子抱怨自己妈不好，容不得他的妻子。而她六十多岁的年纪，娘家早没了爹妈，只剩下比她小的小辈，连回娘家的资格也没有了。她看见我婆婆，眼泪掉得更厉害了。她对我婆婆说："人比人，气死人，你家老头子、儿子都当你是块宝！媳妇也从没跟你吵过架！"

是的，结婚十多年，我从未跟婆婆红过一次脸，吵过一句嘴。彼时，我嫁到婆家，还沉浸在新婚的喜悦和甜蜜里，老天却毫不留情地扔下一个惊雷，炸碎了我的幸福——我那尚年轻的父亲被诊断出患上了食道癌，已是晚期。我和老公带着父亲四处求医，然而没能挽回他的生命。二十七岁的我，第一次尝到生离死别的滋味。我也在心里深深地后悔，没能好好陪伴父亲，还没来得及孝顺他，他便已离开了我。

此后，老公患上了胆结石，常常疼痛得不堪忍受，最后不得不去医院做切除胆囊的手术。老公还在医院里休息的时候，来看望他的同事却带来更令人心惊胆战的消息。老公的同事，比他年龄略长的丁老师，一位宽厚沉稳的青年，在夜里猝然离世，留下了年迈的双亲、年轻的妻子和九岁大的儿子。"天地不仁，以万物为刍狗"，谁知道无常的老天会给人们带来什么呢？在人心可把握的范围内，我们一家早已默契决定，不给彼此互相添堵。

　　婆婆做事讲究，而我性格马虎。生活中不是没有矛盾，但我们不把矛盾升级变成互相置气、吵嘴。比如，每日我早起在洗漱间梳头发时，总是会掉落大把的头发，我把这些头发蜷成一团，放在洗手台上，准备等洗漱完毕之后就扔掉。不过，很多时候，我又忘记了这茬儿。婆婆在帮我扔过数次头发团之后，忍不住抱怨我："你的记性可真差，头发又没扔掉！"从此，记性差就成了我的代名词。

　　她瞧了瞧我身上的睡衣说："你说睡衣要换下来洗的呢，怎么又没换？看你这记性！"我可不会跟她一言不合就吵起来，我总是把她当作自己亲妈来爱护、珍惜，撒着娇说："妈，我马上就换衣服，又辛苦你洗了，我记性差没事，反正有你在呢！"婆婆听我如此一说，乐呵呵地接着给我们忙活去了。

　　对于整日操劳的婆婆，数公公最疼惜她。他俩结婚三十多年了，年轻的时候，公公帅气有稳定工作，婆婆是十里八乡闻名的巧手裁缝，两人旗鼓相当。不过现在，公公拿着很高的退休薪水，而婆婆的手艺被逼荒废，沦为家庭主妇许多年。但一件小事，就可看出公公对婆婆的珍惜不减当年，婆婆做完饭，爱洗刷炊具，收拾厨房，总是让我们先开饭，不等她。公公一定坚持等着，等婆婆坐上桌来，公公才笑嘻嘻地冲她说："大司务不来，我们岂敢开饭？"

　　公婆的相处之道，自然是我和老公的镜子。再看我俩的身体，我的胃、牙、腰常常疼痛，老公先做了胆囊切除手术，相隔几年后，胆总管里又生结石，再次去医院受了一番苦。这样的我们哪里还敢互相找气给对方受？唯有互相多多珍惜。纳兰有词："人生若只如初见，何事秋风悲画扇？"因为我们彼此的珍惜，我们一家人一直如纳兰词里的初相见般，也成了邻居们眼里少有的和睦家庭。

和睦会成为一种习惯

一熟人每次遇见我，总要拉住我，当我是她的情绪垃圾桶，对她婆婆好一通抱怨指责。

彼时，她和老公新婚，婆婆与他们一个屋檐下住。她嫌婆婆干活粗枝大叶，切肉的刀用来切菜，切菜的刀又用来切水果；厨房里的抹布又拿到客厅里去抹；内衣、外衣也不分开晾……恰巧婆婆也是一张刀子嘴，向来不饶人，指着她的鼻子骂："你装什么千金大小姐，穷讲究，这房子是我家买的，你家也就出了个简单的装潢费用，我在自家房子里爱坐就坐着，爱躺就躺着，干活还轮不到你多嘴……"纷争一旦开了头，这以后婆媳大战便成了家常便饭，三天一小吵，五天一大吵，家成了战场，整日硝烟弥漫。后来，到底是婆婆让了步，回乡下去住了，婆婆扔下一句话，眼不见心不烦。

每次闲聊到最后，她会对我说些溢美之词，说她十分羡慕我，竟然能和婆婆相处如母女，她笃定我的福气是上辈子修来的。

其实，我只是有一个清明的内心，确信世上的很多事情不经意间会变成一种习惯，影响人们的生活。嫁入婆家后，每个婆婆都是媳妇的熟悉的陌生人。曾经，婆婆们与我们生活在不同的环境里，品性和生活习惯理所当然与我们不同。如果对她们过多挑剔，那就会变成指责和伤害。对人像临山，有回音，你朝山大吼一声，山谷会把你的恶声还回来。人也是，你对她的挑剔和伤害会还回来，争吵和伤害久而久之就会变成习惯。如果愿意换一个方向去想，和睦也会成为一种习惯，我们就会努力往"和睦"的大道上走去。

其时，新婚，我是婆家的新人，自然有优待，家事无须我动手，婆婆做出来的菜，丝毫不合我的胃口，肉太咸遮盖了肉本身的香味，鱼太淡而腥，我当然不会嫌弃的一口不吃，我屡屡动筷，满脸含笑地夸婆婆做饭辛苦，单指着鱼说，如果鱼能再辣一点儿就会更美味。婆婆连连点头，下次煮鱼，果然加辣，不再有腥味。

临出门忘记关婚房里的窗，又没有打电话告诉婆婆，大雨倾盆而下，打进屋里，新房像灾后现场，被雨打风吹得乱七八糟，一塌糊涂。婆婆一见，劈头盖脸指责起我来，我默不作声，听她数落，她倒不好意思再多说什么了。几个回合下来，摸熟彼此的脾性，都是没有坏心，都是竹筒倒豆子的直性子。

与婆婆在一个屋檐下生活了十四年，矛盾也是一箩筐，但我们从来不吵架。婆婆是有洁癖的，她每次洗衣服都要涮个七八遍。她时常批评我不讲究，每当此时，我要么不应声，要么会开她玩笑化解不好的气氛，我会笑着说："妈，我爸（公公）说你洗过的鱼猫都不吃，你就是太干净了！"她立马会被我逗笑。我们教育孩子的时候，因为隔代亲，她肯定要来护着孩子，这时候我们一定掷地有声地说："妈，这不用你管，孩子不能护！"她自走开去，极少生气。

俗话说，舌头和牙齿还打架，两个来自不同家庭、有不同的品性和生活习惯的女人因为一个男人生活在一起，都是源于爱。这两个女人的相处在日积月累中会形成一种模式，争吵还是和睦都会变成一种习惯。聪明的你会怎么选？

幸福不足为外人道也

彼年，我和她都还年少，家境颇有差距，但长相却有几分相似，都是高高瘦瘦、细柳条似的丫头，我们成了亲密无间的伙伴，她把我带回家，一个锅里吃过饭，一床被里同过眠，还在一盏如豆的油灯下，畅谈理想，描绘将来。只记得当年娇俏的她，言辞凿凿地说："将来，你会指着电视上的我，对你的孩子说，宝贝，这位主持人阿姨是妈妈的朋友……"

时间、空间就像一把利刃的双面，削苹果皮那样削去我们薄薄的青春年少，又不动声色地切断了我与她的联系。

新兴的社交软件——微信兴起之后，我和她竟然在微信上重逢了，我们都已嫁作他人妇。以为多少少年事，都付笑谈中，然而，生活却自有美意。我和她都实现了少年时的理想。我做了一名教师，工作的地方是故乡的乡村小学。她则终于留在了城市里，成了一名主持人，而且是在车水马龙、人才济济的首都。

我感觉到她对主持的热爱，就像气球爱着里面的氢气。她在朋友圈里发了些访谈现场的照片，她的发一丝不苟，妆容精致得体，脸上的笑容恰到好处，整个人有了从容笃定的强大气场。她对面有时是成就斐然的学者，有时是名气如日中天的当红演员，偶尔也会是有情怀远识的官员，那些对普通人来说可望而不可即的名人们，与她像朋友般言笑晏晏，自然的四目相接，融成一片。照片外的我，想着她曾经的关于理想的誓言，不由得为她高兴！

她也许是做着自己愿望中的职业，也许是被老公十分宠爱着，整个人是幸福的模样，那份幸福像开了瓶的汽水，四处流溢，一直蔓延到屏幕这端的我的心里。

我兴致勃勃地翻看她的朋友圈，曾经是父母掌上明珠的她，在年少时候向来饭来张口，衣来伸手。如今，她竟然会洗手做羹汤，下了班三下五除二就做出了几个家常小菜，红绿搭配得当，色泽鲜亮，看上去就让人想伸出筷子，大快朵颐。她又主动给图片配上文字说明，说是甘愿为老公做小厨娘。她老公名校毕业，如今是一家上市公司的老总！人帅钱多，照片里，他和她牵手相拥着去旅行，国内国外的名川秀水都有两人的影踪，他有时背着她，有时抱着她，两人眼神默契，笑容甜蜜，这爱情完美得堪比人间四月天。

可是，在故乡小城里，她并没有被人们当作"幸福"的代名词，他们提及她，有人很不屑地说："她嫁的男人是二婚的，当后娘有什么幸福可言？"又有人说："照片都是P图的，男人哪有如此帅气，都老得不成样子了……"可是，她分明是幸福的，我把要替她辩解的话，咽了几咽，吞下去，我放弃了喧嚷的解释，心里反而更清明。

年幼时一起埋下理想种子的我和她，这一路都在努力发芽，拼命生长，也终于长叶开出了美丽的花。尽管我只是长成了乡野里的一株普通的月季，而她则成了盛开在城市里的艳丽玫瑰，玫瑰的幸福也许只有同样是花儿的月季知道。一朵花的幸福不必说给草儿知道，一个人的幸福则不足向外人道也。

口有剑，腹有蜜

我们英语组一共两个办公室，南北各一个。当初搬新办公室时，领导让我们自由组合，北办公室里一律是三十往下年轻轻水嫩嫩的萝莉们，拖家带口的已婚中年大妈则占据南办公室。丽丽外调来，未婚，三十岁，她一门心思往北办公室挤，萝莉们对她说："我们办公室里哪还塞得下一个人？"丽丽只好收拾东西来我们南办公室。她大大咧咧地跟我们说："北办公室不要我，我只好到你们这里来了。"

我们看她收拾桌子，笑笑，没有搭腔，这人人情世故怎么一点儿不懂？人家不要你你才来？你来就来了，还锣鼓喧嚣地说什么？好在这办公室里的人都在光阴里翻滚过，淡定了，酸话怪话是没有的！

唐姐坐在电脑前心急火燎地说："小颜，Word文档打不开，一个劲儿发送错误报告，我这急着电子备课呢！"我还没来得及答话，丽丽便站起来，冲到唐姐面前："笨蛋！这简单，让我来帮你修复一下，马上就好！"唐姐和我面面相觑，在单位一直以优雅知性著称的唐姐是"笨蛋"？

小考过后，邓姐翻着丽丽班学生的卷子，认认真真数80分、90分以上的人数。邓姐总结："别看丽丽是教毕业班的新手，成绩比我们班好多了！"丽丽风驰电掣跑到邓姐桌位上，也翻她的卷子一看，凛然发言："你这人嫉妒心太强了吧，我就比你好一点点！"邓姐顿时被她说红了脸。

我们仨互相对了对眼，在肚中腹诽，丽丽这人可恶，说话伤人，怪不得北面的办公室不要她！等期中考后，我们班考了年级第一的时候，丽丽说："就你这老油条样子，你班咋还能考第一？"我是可忍孰不可忍，火山爆发般朝她吼过去："你不服气怎么的？"第二天，丽丽似乎一点儿都不记得被我吼过，没事人似的又跟我打招呼，唤我吃早点。

最近，丽丽交上了男友，我们都虚张声势地好奇一下，丽丽就积极主动地汇报来了："男友是个军医，但没房。"我们鼓励："没事，只要两口齐心，房子迟早会有的。"丽丽接着交代："他爸是农民。"我们点头："还好，还好，你也不跟他爸过日子。"最后丽丽兜底："男友他妈半身不遂。"我们惊呼："这你也肯？"她郑重地点点头。原来，她是现如今少有的不看家世、重人品，不看金钱、重爱情的姑娘。

我们总算明白了，丽丽也就是个嘴上"恶人"，其实她有一颗最柔软善良的心。自她来这南办公室风格就没变过，她一边大呼小叫喊我们白痴、笨蛋、呆子，一边急我们所急，碰到活顺手不顺手的一马当先抢着干了。现在，我们对丽丽的"恶言恶语"，都抱之哈哈一笑，与口有剑，腹有蜜的人做同事，其实也是人生幸运之一种。

如伞的女人

在外地念书的时候，结识了一位同乡，她的模样气质，常常让我不由自主地想起戴望舒的《雨巷》，一个撑着油纸伞丁香般美丽又有些哀愁的姑娘。其时，正是不知愁滋味的青春锦年，我们一群女生总是没心没肺地笑着、闹着，她却和我们不一样，她像雨天的丁香姑娘，眼神清冷，娴静优雅，她有着与众不同的幽美，她还爱各式各样的伞，湖水蓝色的仿缎子伞，蕾丝花边的尼龙伞，澄澈透明的塑料伞……

一次，父亲来看我，送父亲回家时，天上却飘起了毛毛细雨，我向来过得粗糙，也没想着给父亲找一把伞。在路上，我们父女俩却巧遇她，她正撑着一把透明的塑料伞施施然走着，我热情地向她打招呼，她缓缓地站住了，也没说什么话，临分别时，她却把手中的伞塞到我父亲手里，父亲推拒，她坚持，最后，父亲还是收下了。

因为她素淡清冷的性格，我和她没能成为推心置腹、无话不谈的密友，我一直在内心揣测，也许她这样的性格，跟谁也不会热火朝天、勾肩搭背地好。但她送给父亲的那把伞，让我一直感念她，那把伞也让我看见她清冷的性格里却藏着纯真的善良，我默默地关注着她。

她有了一份稳定又体面的工作，有大帮的男孩子追求，然而她谁也看不上。她恋爱的消息终于传出，却是以满城风雨的方式，她在与一位有妇之夫恋爱。

那男人与妻子不睦多年。男人才华横溢，画得一手好国画，写得一手行云流水的书法，妻子是位精明能干的女强人，他明珠一般熠熠生辉的才华在妻子眼里，却是一颗寻常不过的玻璃珠。单位上有喜爱八卦的中年妇人，常谈论别人的风流韵事，偶尔，他前脚跨进办公室门，她们的议论就戛然而止。他对她们谈论的内容了于心，一定在说他妻子的绯闻，说他妻子又勾搭上了哪位要人。

当她来到他的单位，她有些文艺的模样，清冷的性格，很快就吸引了他。他夸赞她若空谷幽兰般脱尘，又若水仙般清灵。他画她，坐着的，站着的，掩面的，凭栏相望的，托腮而思的；他半夜三更在她的窗下徘徊；在有月的晚上，在离她家不远的小石桥上拉二胡，用悲凉的曲调诉说心曲，他说他是真的爱她，爱得要死要活了。

当这段感情变得纷乱如麻的时刻，三人在一个茶餐厅会面了，是他的妻子要求的。他当着妻子和她的面说："我喜欢她，她懂我。"他只扔下这一句话，就自行离去，他留给两个女人的，是谜一样的回答。在她这里，她简直感动得无以复加，他竟然对他的妻子说"喜欢她"，那不是承诺又是什么？他的妻子却也更自信满满了，原来她仍然是事业、婚姻都在握的能干女人，他不过像调皮的孩子"欲得周郎顾，时时误拂弦"，他不做选择，只表心情，是想要妻子一心一意地对待。

年轻的她承受破坏别人婚姻的罪名，承受着母亲寻死觅活的精神压迫，依然苦苦地等待着，等着他给她一个说法，一个名正言顺的交代，一个花好月圆的结果。世上的事往往这样，越是充满期望地等待，越是会被等待所负，他与妻子和好了。

他一走了之，调去另一个单位，还升任了领导，妻子不久也跟了过去。他和妻子过起了男主外，女主内的寻常烟火生活，他和妻子的日子不再风雨飘摇，唯剩下她，像被别人遗忘在角落里的雨伞。

她终于明白自己只不过是那个男人，在他和他妻子之间风暴来临时的一把伞，他用她来遮挡妻子倒下来的瓢泼大雨，当他和妻子的日子一旦晴朗，他便不再需要她。

她终于明白，女人不管平日多么爱伞，也不能把自己活成一把伞。

要有一个爱好拯救你于流俗

女儿十岁，已经知晓事理，懂得维护我。那天，在餐桌上，她突然义正词严地对婆婆说："奶奶，我妈妈在背后从来没有说过你一句坏话，但是你老在背后放我妈妈的暗枪！"婆婆脸上出现尴尬神色，她急忙地辩驳女儿："我说你妈什么了？我不就是在你刷牙、洗脸、吃早饭慢吞吞的时候，随口说上一句，你跟你妈一样慢……"

我乐呵呵地笑了，不过，随即郑重地对女儿说："妈妈从来不说奶奶坏话，其一，是妈妈确实觉得奶奶做家务事利索又漂亮，把全家人照顾得无微不至，妈妈很感激她。再者，妈妈觉得一个人要把时间花在恰当的地方，比如学业、爱好或者理想上面，不能用在贬低亲人或者和亲人吵嘴斗气方面。妈妈要写的文章太多，实在是没有空暇在你面前说奶奶的坏话！"女儿似乎听懂了我的话，连连点头。

我和老公结婚十多年，与婆婆在一个屋檐下住，但我从来没有和公婆吵过一次嘴，算是旁人眼中和睦婆媳的典范。我和婆婆除却彼此性格投合、心胸宽广的种种因素，也许，还有一个最大的原因，就是我爱好写文，我的心和时间常常被这爱好占据了，工作之余的空暇里，我琢磨的是，寻找灵感，把灵感变成文字，再把文字投稿出去，让它们刊登在报纸杂志上，吸引人们阅读。这一连串的活，让我的时间越发紧迫，我哪有空在孩子面前挑剔婆婆，甚而说婆婆的坏话？这样的我怎么会成为婆媳大战里的一员？

在小城图书馆阅读时，我结识了一位气质优雅的女人。等彼此相熟后，我知道她是阔太太，她老公开着一个大厂，又是个经济弄潮儿，赚得盆满钵满，她自然不用像我一样做上班族，苦兮兮地朝出晚归，挣一份稀薄的薪水养家糊口。

她家里打扫做饭都有专人负责，她老公让她只管闲散着享受生活。

她的闲散光阴都交给了阅读，也写文字，化名向小城的报纸杂志投稿，我结识她时，她已是小城出名的作者了。同好写文的我们一见如故，此后，常常相聚。

一次，她请客，说好把家里珍藏的好酒带来让一干文友品尝，到了饭厅，她却发现酒忘带了，于是打电话给她老公让送过来，那事务繁忙的男人竟然真的亲自开了车，送了酒。

再有一回，我们几个文友相聚，为了喝点酒助兴，她那辆豪华气派的车没有开出来。我叫了出租车，顺路先送她回家，在小区门口，看到她的老公在等候着，那个器宇轩昂、有成功人士范儿的男人，看见她回来了，刹那间喜笑颜开。

了解她越多，越发现她确实是值得他疼爱的女人，已过不惑之年的她，身材一点儿也没走形，仍然婀娜有致，面若桃花，比起同龄女人显得年轻又有韵味。他在外打拼忙碌的时候，她不粘他，她不同于一般的阔太太，三五成群组成牌搭子，在麻将桌前消耗光阴，要不就去国内国外大肆购物，买珠买钻，穿金戴银，攀比嫉妒。她在家养花、健身、阅读、写字、做美食……当然，健身她不去健身房，只是每日绕家边上的公园环跑；她最爱做的事情是阅读和写字。当一群阔太太聚会时，她身上绝没有其他人的那种菟丝花的形态，她像一朵空谷幽兰，清新出尘，不溺于流俗，她的老公舍她其谁？

泥沙俱下，她自优雅

自从网络购物兴起以来，觉得整个人都轻松了。既不用逛大街累得腰疼腿抽筋，也不用看售货员小姐的势利眼色，更无须跟她们斗智斗勇地讨价还价。但每一个没被网络的暴风疾雨冲倒的实体店，自有它存在的强大理由。

我老马识途般，径直去找从前最爱去的实体服装店。店还在，除了门楣上招牌的颜色鲜亮了些，店名还是原来那个——优雅女人。我赶紧进去一看，店主还是原来那位。她一眼认出了我，眼睛里冒出喜悦的神情，热烈地招呼我。我和她，一商家一买家倒像故友欣喜重逢。

店主是位美人。不过，她不是中国传统意义上的美女，她的美有西域的味道。我第一次去她店里买衣服的时候，对她实在不能转开眼睛，光洁的额头，皮肤细致若瓷，淡褐色的眼珠，淡金色柔软的发，用一只珍珠顶夹高高束起，像小姑娘一样青春鲜嫩的容颜，但身上又有一股沉静的味道。

常常去买衣服，知道她罗敷有夫了，儿子都五岁了。因为她生得美又会挣钱，我心里就特别好奇她的老公，却从未在她的店里见着那个男人一次。

某日，和要好的女友去一家茶餐厅喝茶，女友悄悄指了指我们斜对面的男子，顺着她的手指，我打量过去，男人高大帅气，有成功人士的派头。我收回眼光，看女友一脸神秘，她压低嗓子说："这男子便是那漂亮店主的老公！"从相貌看，这男人与漂亮的店主，的确是金童玉女般的一对儿。但我也了然明白了女友脸上神秘的笑容：那男子对面正坐着一个妖娆性感的女人呢！

我每次去买衣服，内心总要翻江倒海地为漂亮店主不值，但我却发觉她永远淡淡温柔地对我们笑着，掏心掏肺地帮着我们搭配衣服，建议衣服所搭配的发型和首饰。

可是不久，平地一声雷，小城里人尽皆知，漂亮店主拈花惹草的帅气老公，在一次醉酒后，出了一场严重的车祸，送进医院不久后因伤重，无法医治，去世。其时，她未足四十岁，儿子十岁。店主美丽的脸庞上添了一丝忧伤，她竭力像从前一样淡淡地笑着，过久了，她也真像风平浪静的湖面，无波无澜，优雅淡然。

听说，有许多已婚未婚的男人向她展开了猛烈的追求。最殷勤的是小城医院里的一位外科医生。这男人的职业、相貌都不错，多年前妻子因病去世。他和她倒是郎才女貌，他们再婚了。都说她终遇良人，苦尽甘来。

外人眼中的美满算不得美满，他和她婚后不久就闹起了矛盾。原来，前妻去世后，他就像一盘燃过的蚊香末没有了形状，他把自己的精气神寄托在赌博上，已欠下巨额的赌债，他追求她，少了真心，为的是她挣得钱多，可以为他偿还债务。她帮他还了一点赌债后发现那生活像无底的黑洞，她逃离了藤般纠缠她的男人。即便如此折腾，那段日子，却总能在店里看到她淡淡微笑的脸。

一直到如今她都没有再嫁，有些年没见她，她竟然未见老态，我由衷地夸她："这么多年没见你，还是老样子！"她笑了："老了，老了，孙子都五岁了！"我讶异地叫出声来。

她保持年轻的秘诀，也许就是不论生活怎样复杂，泥沙俱下，她始终保持着属于自己的那份淡定和优雅！

看见爱，遇见幸福

闺密们相聚，照例欢声笑语谈购物说衣鞋帽饰，再晴转多云地发各自老公的牢骚，抱怨婚姻是爱情的坟墓。

在闺密们掰扯老公缺点的时候，唯有她闭口不提，笑容满面，心满意足的模样，好像她的老公是块宝，说多了，引人生觊觎之心。她老公是小公司的一名技术员，挣钱不多，当初她和他结婚，是在父母提供的小房子里，至今他们依然住在那里。在私家车如雨后春笋般冒出的年代，他有一辆车，是他有钱的表哥淘汰下来的旧车。他没有给她盈盈足足的物质享受，但是，在庸常的生活中，她仍然看见了他的爱。

她在本职工作之余，有一爱好——画画。一有空闲时间，她就会坐在电脑前，给报刊画插图。他从不指责她不收拾家里，只顾自己的爱好。他会给电脑前的她倒上一杯蜂蜜水，细心地拧开杯子的玻璃盖，让热气腾腾的蜂蜜水尽快凉下来。去干别的事的他，过了一会儿，会提醒全神贯注的她，蜂蜜水可以喝了。

她去医院体检，人还未出医院门，就接到他打来的电话，他在电话中认真询问她的体检状况。她转述医生的话，B超检查发现胰腺增粗。他转头就打电话给他做医生的大伯，询问此种身体状况碍事不？大伯回答他，等医院的体检结果下来再看。几日之后，她拿到体检报告单，随手一翻，大体上没有问题，就扔一边去了。他看到后，拿过来，一页一页仔仔细细地看着，终于看出一项来，她的嗜酸性粒细胞百分比要比正常值高，他连忙把她叫过来看。她倒不怕这高起来的细胞百分比，只是感动他的这份心，看见了他的细致的关爱。

她的弟弟和弟媳一直在外地打工，逢年过节才能回乡。国庆节的假日未到，他就在她耳边嘀咕，说弟弟一家一年难得回来一趟。这次国庆假日回来，要好好地请他们吃顿饭。等弟弟一家回来的时候，他亲自买菜掌厨，让一大家子人欢乐团聚。

她爸走得早，妈妈一个人在乡下独居。每个星期天，他都会主动提醒她去看望妈妈，她心里何尝不知道要去看妈妈？但他的提醒，仍是让她觉得感动。他们的女儿不喜欢乡下，每次，他都动员女儿去，他跟女儿说："当你一个人的时候，没有人关心你，你难道不难过吗？"后来，女儿就很听话地去看外婆。

偶尔，她兴致上来了，也会把老公的这些细枝末节的爱向闺密们秀秀。闺密们就会停止对自家老公怨声载道的讨伐，转而夸她老公是难得一遇的好男人，羡慕她的运气好，能遇见幸福。她却说，该感谢自己的细心，是自己总能看见老公的爱，才遇见幸福。她指着其中的一个闺密说："平日你的老公是粗枝大叶，没有细心地关注你的小情绪，但你要买什么，他从来就没有不舍得过，你说要换车就换车，这难道不是爱吗？你没有看见吧？"闺密略一沉思，发现确实是这样，老公总是让她用最好的东西，首饰、手机、车子……只要她想要的，都给她买最好的。这不是爱又是什么？

听了她的一席话，闺密们恍然明白了，婚姻里要拥有看见爱的能力，要有一颗善于感动的心，幸福才会如影随形。

PART B

微雨
燕双飞

真正爱一株荷的一定是另一株荷，

他们在淤泥里相依相伴，

一起花开花谢。

风起荷荡漾，

是诉说生活曾经的忧伤、

惆怅还是感怀今日的盈悦、幸福？

荷知道。

——《风起荷荡漾》

你的影子剪不断

遇见她的时候，他文身、抽烟、喝酒、砸场子闹事，他打架最狠最凶，用啤酒瓶子砸别人和自己的脑袋。那些小瞧过他的小流氓谁也不敢招惹他。

耻辱有时是一种力量，不是让你变成一个更好的人，就是让你变成一个更坏的人。十二岁那年他和姐姐一起出门，姐姐生得美，路上有小流氓拦住姐弟俩，他们吹着口哨叼着香烟，来捏姐姐的脸。姐姐眼泪滂沱着恳求他们让姐弟俩过去，他们却无耻放肆地坏笑着，那笑声惊飞树上的一群麻雀，他扑上去撕咬他们，他们一把把他搡在地上，说："这小破伢！"现在，另一批小流氓恭恭敬敬地叫他"老大"！

他十八岁，她也十八岁。她是堂妹的同学，她和堂妹是一座师范学校的学生。她和堂妹要好得好像一个人，文静秀气的她像一朵在夜晚盛开的莲，婷婷而幽美。堂妹说她弹得一手好琵琶，是学校里有名的音乐才女。这样的女孩子像星辰璀璨却没法触摸。可是，他管不住自己的心，她来的时候，他就不想再往外跑，一个劲赖在堂妹家看电视，以前喜欢的赌博、斗鸡、喝酒一切的事都黯然失色。

从来没有生过病的他感冒了，堂妹来看他，她也跟在后面。他生怕传染了她们，背过脸去。她微笑着说："不碍事的，我也有些感冒！"健康的她看出他的不自在，善良地为他编排了这样一句谎话！

他们恋爱了，堂妹也感到很惊奇。学校里多少优秀的男孩子她都瞧不上，竟然愿意与他这坏小子恋爱。遇上她之后，他才知道从前为那些袒胸露肚、卖弄风情的酒吧女打架是多么俗气可笑幼稚愚蠢的行为。

他度过了一段美好的时光，她不是一个物质的女孩，从不肯听他的去酒吧、豪华影院那些高消费场所。他们最常做的事，就是在夜幕的路灯下散步，她喜欢踩着他的影子跳跃着走路，她的影子纤瘦细长，全然被他这庞大的影子包裹住了。她笑着说："我，现在就是你的影子！"他分明希望她做他一辈子的影子，他和她形影不离。

她毕业了，分配在城里的小学做语文教师。他也早已在她的规劝下，改变了人生的轨迹，不再混迹所谓的江湖。他凭着自己强壮的身体，在一家健身馆谋得健身教练的职业！

爱情是两个人的事，婚姻却是两个家庭的事。当他想和她携手走入婚姻，却遭到她父母疾风暴雨般的反对。作为家里的独生女，从小就孝顺乖巧的她，在亲情、爱情二选一的岔路口上徘徊忧伤，以泪洗面。他对着她父母冰冷决绝的脸，下了重重的一跪之请，然而，他们还是没能同意他和她的婚事，再也不忍看她的眼泪，他选择了逃离。

时光荏苒，在那离她千里之远的城市，奋力打拼的他一步一步有了自己的健身馆，有美好的女子恋上他，他结了婚，生了一个可爱的女儿，小家庭温馨美满。但在喧嚣的城市街头，偶尔听到那首老歌："菊花残，满地伤，你的影子剪不断……"他想起那个要做他影子的女孩，刹那间，内心里仍是波涛汹涌，有泪要冲出眼眶！

风起荷荡漾

一别经年，再相见先生和他都已过而立，携妻挈子了。少时，他是先生最艳羡的小伙伴。他的父母是受小镇人尊敬的医院大夫，他是独子，又长得眉清目秀，聪明伶俐。他们送他去城里学画，专门画荷。教画的先生夸赞他笔端有神，初荷、盛荷、残荷，每一株荷都能被小小年纪的他描摹得妙趣横生。

如今的他是一家快餐小店的店主。高瘦讷言，穿灰色T恤衫，旧的牛仔裤，腕上戴一串赭黄色的佛珠。与一般快餐店的店主比，他身上少了一些烟火气，则多了一丝文艺味。我暗自思忖有艺术天赋的他，为什么没往绘画的艺术之路去，却风马牛不相及地干起与他气质毫不相称的快餐活计？

找被他的妻子招呼过去。那是个美人，瓜子脸，杏仁眼，杨柳身姿。我见到过的女人再也没有比她漂亮的。她一脸笑意盈盈地跟我说话，我就恍然明白了，人们为什么用"秀色可餐"形容女人，她那水润润的肌肤如充满汁水的葡萄，可不让人想咬一口？她热情周到体贴地顺着我的意思谈起孩子的日常饮食，没有一点儿美女的自视甚高。一番掏心掏肺的交流，我确定我这女人被她收服了。这也就能解释得了他为什么那么宠她，不要她出去工作，宁愿自己一个人陀螺似的在快餐店忙活，既做老板又做账房先生。

人们常说，婚姻中的两人是一块馒头搭配一块糕，他和她不是，他们是我少见的金童玉女。其实，我们能看到的风平浪静，多半是避过了无数的风起云涌。

彼时，他已经是年轻的店主，她是他的食客。天长日久，对了胃口又对了脾气，他们成了恋人。他领着她上门拜见父母。两位老人亦欢天喜地，再一转身，变卦了。在唯一的独生儿子的婚事上，他们有着给病人做手术的精细心劲。他们辗转去了女孩子的家乡，弄明白了他和她想隐瞒的所有事情。

女孩家境贫困，母亲常年吃药，父亲木讷毫无本事，家里姐妹众多，她是长姐，高中毕业后出去打工，在酒吧做服务员，挣的钱供弟妹读书，给母亲买药。这样的女孩子，谁知道她是不是一朵出淤泥而不染的荷？管她貌比西施、貂蝉，又怎么能做儿媳？

他的态度却坚若磐石，认定她。被否定狠了，他只能撕开自己和父母心上的伤痂："你们光挑剔别人，怎么不看看自己的孩子？"

还是被父母送进城里学画的那会儿，在那里他遇上一帮社会不良青年。叛逆的青春时期犯的错，常常是不知道为了故意跳出大人们眼里的规矩，还是因为那些不良青年身上有不同以往平静日子的新鲜刺激。他偷偷跟着那帮青年去打架滋事，终至闯出祸来，他们中有人动手刺伤了一个人，他们全部被抓判了刑。他从监狱出来后，学业不能继续，那荷，手生得画不出，父母老了。走了弯路的他倒也知道自己应在正路上朝前赶，他摸索着开了一个快餐店，生意竟然不错，成了年轻能干的店主，然后遇上了她。

知悉了他的往事，我庆幸淤泥没能改变他纯良的性格，他竟能如一株荷挺立。她当是尘世的另一株荷，世上游园赏景的人们可曾真正爱过一株荷？会不会连她脚底下的淤泥一起爱了？人们常常远远地观赏了两眼就撇下荷独自去了，或者单单地取荷最美的花苞，亵玩一番。真正爱一株荷的一定是另一株荷，他们在淤泥里相依相伴，一起花开花谢。风起荷荡漾，是诉说生活曾经的忧伤、惆怅还是感怀今日的盈悦、幸福？荷知道。

爱情赠予

他叫赵文起，是位山东汉子。他说起与妻子刚结婚时，一如寻常人家恩爱夫妻你侬我侬难舍难分，但为了生计，不得不硬着心肠扛起背包，去外面辗转漂泊打拼，希望靠着双手能让小家过上更好的日子。

他在外面做厨师，给厂子里的职工们做饭，几百人的大厂一日三餐，只有三五个厨师。每到开饭时间职工们急吼吼等着吃饭，供不应求。他心里打起主意，能不能用大锅炒菜？这样出菜多。他是个行动派，迅速把锅换成19斤重的大锅，锅里能炒出二十多斤的菜。起初，他的手腕并没有那么大的劲能把一口大铁锅在火头上颠勺，但日子一久，他就能一手握铁锅，一手使铁铲，在火头上煎炸翻炒，娴熟自如。天长日久，他练出了一手好手劲。

白天的日子是忙碌的，但每当晚上回到出租屋后，一个人就显得很冷清，时光也似乎走得分外慢，他开始想念远在千里之外的妻子。那会儿，他还买不起一部电话，唯一的法子是去街心上的电话亭给妻子打电话，他每次都把通话时间卡在三分钟以内，通常是刚刚问候了父母身体的好坏、家里农事的情况，时间已过了两分多钟，而他一定会眼疾手快地在两分五十几秒挂掉电话。通完话后，还有漫漫长夜要独自一人度过，厨友唤他去喝酒、赌钱、看廉价的电影或者花几块钱的门票去逛公园，他都是舍不得的。他不愿意乱花一分钱，他和妻子有两个孩子，妻子一个人在家带孩子照顾老人，还种植十来亩地。每年春节回去见妻子的时候，她身上还是那件已穿多年的旧棉袄，他怎么忍心一个人去乱花钱？

他想到既解闷又省钱的好方法。他有手劲，可以用重的钢铁筷子夹物体。他请人打铸了一副2.28米长、13.3公斤的钢筷，他先是在出租房里练习夹乒乓球，每个夜晚来临过去，十多年的时光就在钢筷子间悄然而走，而他的钢筷子却有了神奇的能力，可以灵活自如地夹起多种物品，小到花生米，大到鸡蛋。

在与妻子聚少离多的十七年后，他登上了中央电视台的舞台。他除了要表演自己的绝技，还有更重要的目的，是想对妻子这多年来独自照顾家庭，说声感谢。作为一名电视机旁的观众，我更期待他即将出场的妻子的模样。一个丈夫不在身边，凡事一个人承受和担待的女人是什么模样？她出来了，穿着鸡冠花那样红艳艳颜色的T恤衬衫，圆脸素颜，中长的发，娴静朴素的模样，有小姑娘般的纯洁气息，看上去比她实际的年龄要年轻很多。我在心里暗自惊诧，以为她憔悴不堪，却是如此温婉美好的女子。电视上的他一反刚刚表演绝技时候的稳重定当，急忙忙地脱掉表演服，兴冲冲地拉着自己身上同色的T恤衬衫冲台下的观众说："情侣装，我给买的！"台下的观众都乐得哈哈大笑起来。他又自作主张把电视台节目组的道具花深情地献到妻子手上，最后他牵着妻子的手，说要给妻子献歌一曲。

他的歌声并不好听，但台下的观众们巴掌拍得震天响。电视机旁的我终于明白他的妻子看上去面貌年轻的原因。这么多年，两人从青丝到华发互染，虽然聚少离多，她与寂寞做伴，他与独处为友，但他们之间的爱情如冬日一堂炉火熊熊，从来不曾熄灭过。万物有灵，爱情也从不辜负对它忠心不二坚守如初的人，爱情如此认真地赠予他绝技，赠予她年轻美好。

那块胎记，那根弦

她美，美得像只小鹿，灵动的眼眸，矫健活泼的身姿。他长得一棵树般模样，本来，小鹿绕树奔跑嬉戏也挺和谐人的。但树的年轮一圈圈，显得稍稍苍老，就映衬得小鹿越发幼嫩。周遭异样的目光不能抑制地扫过他俩。他和她年龄相差了十多岁，难道真是因为爱情？现在的女孩子有一部分比较拜金，宁愿坐在宝马车里哭，不坐在自行车上笑！天知道，他们是什么样的恋人？有人腹诽。

其实，岁月至此，他只是一个若尘埃般普通的中年男人。细诉往事，当年的他也曾"乘肥马，衣轻裘"。年轻时候做一家大型国有企业的厂长，市场经济的浪潮席卷而来，厂子倒闭了。离开领导岗位的他选择自主创业，做起咖啡生意，在很短的时间里就拥有数家咖啡连锁店，财富也像滚雪球，累累而来，真是春风得意马蹄疾。他没料到的是，雪球之后竟然是雪崩的灾难，一大批咖啡原材料压仓霉变坏掉后，他就成了一无所有的穷人，妻子也在这时离他而去。

消沉了一段时间后，他重新找回自己，积极锻炼身体，每日里必定抽出一定的时间骑自行车锻炼腿部力量，又用简易的沙袋来拳击锻炼臂膀。为了生存，他也不再像年轻时那样挑剔，做过跑龙套的演员、保险公司的业务员、汽车修理工……但他从没有忘记在廉租房里给自己磨一杯咖啡慢慢品尝。他一直在积蓄力量，准备再次起航自己钟情的咖啡事业。现在，他生机勃勃的心还有了寻找另一份爱情的勇气。

与他相亲的女孩子，小鹿般优雅灵动也伶牙俐齿，嘲笑他沧桑的面容，还对他的幽默嗤之以鼻。她抛出的所有刁钻问题，他都乐呵呵地回答。他的气度像树般风雨无惧，也像大河般宁静深沉，似乎姑娘的挑剔都是淘气调皮，一如河里微微溅起的浪花。

他这副模样终于打动了姑娘。她问他："你总是这么乐观，一直笑对人生吗？"他说："人生最低谷我去过了，接下来一步一步往高处走，当然要笑着过！"

在有着厚重人生的他面前，姑娘突然伸出自己的手臂，她撩起衣袖，一大块暗红色的胎记，赫然地缠绕在她手上，像一条触目惊心的小蛇。她眼里蓄满泪说："许多男孩子第一眼会觉得我很漂亮，但是一看到胎记，有人就沉默不语，还有一些人摇头叹息！"有好奇心重的人甚至这样问她："这样的胎记为什么不用医学手段去掉？会遗传吗？"

他微笑着告诉她："胎记是上天留给你寻找前世爱情的印记，当然不能去掉！"

后来，她就主动去牵了他的手。她一直在等那个爱她、也爱她丑陋胎记的人，他发自内心真诚的话语像灵巧的手指，就这样怦然奏响她心里一直紧绷的那根弦。

爱情有时候还是这副模样，动了的心，不是因为他的容貌、地位、金钱，只是因为他轻柔地奏响你内心那根孤寂的弦。

熟女缇娜出嫁了

缇娜摇曳生姿地把大红色喜帖送到办公室里一大帮女人手中时，无异于扔下一枚红色炸弹。缇娜是熟女一枚，芳龄三十的她都熟成这样了，像冬日光秃秃树枝上的最后一只柿子。红通通的灯笼似的柿子点亮女人们的好奇心，聚餐前热热气氛，开会间百无聊赖地扯几句，女人们的话题总是不由自主就转到缇娜身上："那个缇娜有男朋友了没？上次和缇娜一起逛超市的男人是她哥？……"

现在烫金请柬一出，一帮人马对着空枝尽兴叹，还有什么戏好看？佳人从此洗手做羹汤。且慢，看看佳人配得何方如意郎君，是不是演一出花好月圆，锦绣满床！

缇娜的爱情一路走来，也是山高水长、曲折动人。曾疑似能一入侯门，未来公公位高权重、指一不二。婆婆气场强大，说东不西。男友却是唯唯诺诺一阿斗，侯门深似海，缇娜怕自己的小舟抵挡不了海上的波涛汹涌，不管别人说她傻还是说她痴，愣是傍着岸边没起航！

也曾以为遇到情投意合一萧郎，缇娜她遗帕传情，萧郎他月上柳梢头人约黄昏后，花前月下，卿卿我我，海誓山盟："君当如磐石，妾当如蒲草，蒲草韧如丝，磐石无转移……山无棱，天地合，乃敢与君绝。"没等到沧海变桑田，缇娜发现她与萧郎的爱情是一场笑话，人家正宫娘娘贤良淑德地在府邸里端坐着，有她什么事？此萧郎仗着几分模样气势，原是要做三宫六院七十二妃的皇帝梦的，缇娜只恨自己黄粱美梦了一场，还以为遇上了真命天子，只得，呜呼哀哉一声，拔出泥沼中的腿走人！

　　一场泥沼混战，耗费了太多的精力和光阴，待得修养将息停当，好年华似一树繁花落，世间仍是如常，人来人往、花开花落、流言蜚语……缇娜本着前车之鉴，后事之师，修炼得风动船动云动水动，心不动！直到他出现，以缇娜曾"会当凌绝顶，一览众山小"的眼光呀，终于停住了，熙熙攘攘的人群中，他足够俊俏伟岸。他对缇娜竟也是一见钟情，他开门见山地告诉缇娜，他自愿选择被剩下。他母亲瘫痪在床好多年了，实在不忍心把哪个女孩带入他的苦难之中。他总是独自一人带着母亲辗转各大城市寻医问药，所挣的薪水都花在了母亲的医药费上。在遇上缇娜的前一年，母亲终于能站起来自理生活。从前，他全心全意地爱着生他养他的那个女人，而今后，他要好好地爱另一个有缘来到他生命中的女人。

　　有人为缇娜觉得不值，以为缇娜一定能找到比他更好的。但在缇娜心里，这个已经足够好，千帆过尽，终于等到这个善良的人来爱她！

当爱已成往事

彼时，岁月正青葱，那个夏日的午后，着一袭翠碧色连衣裙的她，像一株婷婷袅娜的荷不期然撞入他的眼帘，又摇曳着在他心湖上留下清晰的倒影。她是新分配来的教师，而他已在这所乡村小学工作了两年。

内敛含蓄的他，其时已是当地小有名气的才子，当世人交相称赞报纸上他优美的文字时，他总是淡然一笑。但当清雅秀丽的她飞投来爱慕的眼光时，他却不由红了脸。就这样，两颗孤单年轻的心，因文字靠得更近了。

谈起品文的旧时光，她滔滔不绝，说曾读到一篇文章，句子像炮弹一样击中内心，她当时就流泪了。整篇文章的意境又像天上的朗月，照亮她晦暗的心湖。她甚至还在心里偷偷发了誓，如果能有幸遇到作者，是男孩子就要嫁给他，是女孩子愿结为姐妹。可是，茫茫人海，到哪里去寻那作者？

幸好遇到他，他一样美好得清风朗月般的文字，她那颗敏感忧愁的心，有了栖息地。

他们成了一对人人称羡的情侣。工作之余，他伏案疾书，她沏茶，赏读他的文字，做他的第一个读者。她闲来无事，翻看着他收藏的剪报本，那上面贴满了他旧日的文章。她刹那间如电击，"原来是你！"她心心念念不能忘的那篇文章，原来是他的文章。她以为像海里针一样不可捞的人，原来就在她身边，爱自有天意。

他们越发爱得如火如荼。然而他们捧着的、护着的一胚娇嫩的爱情芽，没能茁壮长成婚姻的大树！

她的父母不接纳他，他们嫌他是个穷酸的教师，配不上如花似玉的她。一日又一日，她在父母喋喋不休的耳提面命中，在那个大款鲜花钻石的攻势下，竟然动摇了爱他的心。

终于，她嫁人了。那只能挣得三五斗米的乡村教师工作，她抛弃了，她亦斩断了与他的情丝，随大款丈夫远走海南。失恋的悲伤袭倒了他。他虚空的心只得用书来填满，一本又一本书像流水一样抚慰着他。

流光暗转，他又打算好好写文章了，那一支笔淋漓尽致地展现着他横溢的才华。有人慧眼识珠，他被调离了僻远的乡下小学，成了市里新闻中心的一名记者，他又从名记者被提拔成领导，也是小城里赫赫有名的人物了，这一路向上的千辛万苦中，温柔贤惠的另一个她一直温暖守候。他娶了她，又有了聪明可爱的女儿。

而她，当初爱慕她美丽容颜的大款丈夫，得到她之后便不再珍惜。他信奉只要有钱，女人如衣，旧的去了，新的便来。他像当初在她身上使钱那样，往更年轻貌美的女人那砸银子，于是她的生活里，小三纷至沓来，而她的男人总是无影踪。到了悄无声息的夜里，住在华美宫殿般的别墅的她，寂寞就如钟摆的滴嗒声，一下一下，能清晰地数出来。她回城看望父母，街角他们一家三口撞入眼帘。他一手抱着女儿，一手护着妻子，生怕汹涌的人潮挤到他的妻子。

她的泪水一下子就出来了，这恩爱、温暖都该是她的呀！是夜，她拨了他的电话，他说过，这号码永远不会变。

号码真的没有变，他一如既往温厚的声音传过来，她"喂"了一声之后，就再也不能说出一句话，而电话那边的他却也是长长久久的沉默，直到她挂了电话。他没有像从前那样热烈地回拨，他清醒地知道，在她做决定离开他的那刻起，她的生活，好的坏的都与他无关，爱只是往事了。

时光露出它残酷狰狞的脸，一切不能重来。他只能选择与她相忘于江湖，然后与生命中的另一个她相濡以沫。

谢谢你一直在

那时候，刚考上师范不久，正是情窦初开的年纪。学业上也不像中学时紧张忙碌，每晚寝室熄灯后，宿舍管理员沉闷的皮鞋声一远去，寝室的讨论大会就正式开始了。

她们嘴里的主角不外乎影星、老师、男生们，说到本班男生不说名字，专称呼学号，这既是当时流行的叫法，也符合少女朦胧的心境，以为学号到底比名字又隔了那么一层。不知道其他人的心思，在她看来，谁的学号在她嘴里出现的次数越多，他的影像在她心里越是清晰可触。

到后来，她简直一闭上眼就能看到20号，他留着稍长的碎发，戴海天蓝镜框的眼镜，身材匀称，常常上身着紧身T恤衫，下面穿阔腿的牛仔裤，他见人一脸笑，帅气而且阳光。

不知从什么时候起，她对20号暗生了情愫，是谈论文学的时候，还是同学们开玩笑的时候？她笃定地觉得20号对她也是"她看青山多妩媚，料青山看她应如是"。普通话好的他，担任学校广播站的播音员，每期的佳作欣赏栏目，必是她的文章。而她是班级里的生活委员，负责给同学们分粥饭，她给他的瓷碗里，总是装得要比别人多一些。他端着瓷碗会朝她微微一笑，她也回他一笑，这一笑里，一切尽在不言中。

女人真是狭隘，男人的友谊跟爱情常常分不清。班级里传出20号跟邻班的女孩出去看电影的谣言，她当然不相信。直到有一天，20号亲口说起那个女孩，名叫聂小琴，原来谣言都是真的。20号理所当然忙了起来，没有空跟她谈什么文学，她一想到从前的时光，眼泪就止不住掉下来。有人说，这世上有三样东西是藏不住的，贫穷、喷嚏和爱情。她觉得最藏不住的该是青春年少时候的失恋，那时还不懂得伪装，一难受就拼命掉眼泪。

38号就是那个时候在她身边的，他默默地坐在她身边看着书任她哭，直到她自己平息下来。38号不像20号那样潇洒倜傥，女生们评价他的时候，说他脾气臭，谁提他的学号他就跟谁急！但他没有对她发过火，她一个人的时候，总能发现他像影子般跟随左右。假日里寂静人稀的图书馆里，她翻着小说，一抬头就发现不远处的他也在认真看着什么。夜晚她独自在操场散心，一个慢跑的身影慢慢逼近又走远，是他。后来，她和他真的成了朋友，她嘲笑他："38号，你看你的学号，三八呀！"他竟然不生气，还拿出她爱吃的香干、爱看的《席慕蓉诗集》……在临毕业前夕，家在这个城市的38号，突然对她表白，希望她留下来。

最后她留在了念书的城市，和38号在这个城市里并肩努力打拼。不久，有了房也有了他们的家，还有了一个蝴蝶花般漂亮可爱的女儿。时光走过十年，老班长提议聚会，在同学会上，她最想说的一句话，不是对20号说："好久不见。"而是对38号说："谢谢你一直在。"

转身就成陌路人

青春年少时候的爱，有时竟然是一场谣言滋生出来的。彼时，她长得珠圆玉润，女生们爱叫她珠珠。坐在她前面的萧诚然，则人如其名，成熟稳重，有大哥风范。一个班上的人都叫他萧大哥。金庸迷们肆无忌惮地起哄他和她："萧大哥和珠珠，天生一对啊！"

他们起哄得多了，她也觉得空气中有些异样。慢慢地，她的心里有了萧诚然的影子。白日里，人头攒动的饭堂里，操场上生龙活虎的身影里，她的目光像长了翅膀的蝶，总是绕过重重叠叠的人，自动栖在萧诚然身上。到夜晚，她的脑袋就成了自动播放的DV机，重复着萧诚然的影像，他写字的样子，他说话的样子，他笑着的样子，他沉思的样子……直到累得睡着！

慢慢地，她的苦恋已不再是秘密。萧诚然也不是全然冷漠。有一天，他托人给她带来纸条，约晚上看电影。她早早地收拾了，特地穿上那件海天蓝的棉布连衣裙，看上去文艺又清新。

出人意料的，她八点就回来了。她说她不愿意看电影，他迁就她，他俩去逛了一圈的操场。回来后，她就噼里啪啦地编织手链。一直到凌晨，一款时尚的男式手链才在她灵巧的手里脱颖而出。爱情有魔力，那么贪睡的人也熬了夜。

没有人看到过萧诚然戴那条手链，不知是她没送，还是萧诚然没戴。但不管怎么样，他们的爱情总是长过一胚细细的芽！

只有她自己知道，他们的爱情，像青蛙在温水里，自以为温暖，其实快要窒息死亡了。

毕业在眼前，他们没有像别的情侣那样痛哭流泪，难舍难分。萧诚然很有风度地送她上车，道了一声："有缘再相见！"

工作后的她会想起萧诚然，不够爱她的萧诚然。她傻傻地想，如果当初，再漂亮一些，是不是他就会爱她爱得热烈些？她一直觉得是自己不够纤瘦，萧诚然才没能爱得恣意汪洋。

有男孩子追求她，是个阳光帅气的男孩子，他对她一见钟情，她却没有了当初那样满心满肺的爱，好在他有水滴石穿的韧劲，终于温暖感动了她，她和他成了夫妻。

一年后生了孩子，她开始瘦，不由分说地瘦，像个跑了气的气球，噗嗞噗嗞地瘦了。一点儿没商量地，当初壮硕的她，一米六零的个子，只有90斤。她窈窕得不像话，柔弱如柳如烟的样子。

她想起萧诚然，他会不会认为当初错看了她，现在这个妖娆美丽骨感风情的女子才是真正的她。

她辗转地托同学找到萧诚然的电话，心若怀兔地拨过去。萧诚然风平浪静地说："很忙，刚添了女儿……"她那颗欢蹦着的心，霎时像淋了一盆冰水，凉透了。她终于明白，对于不够深爱的人来说，不必打扰，不必证明，转身就成陌路人才是最好的选择。

那片海里有永远的爱

姊妹三人，两个姐姐都是美人。姐姐们长得身纤若杨柳，脸庞似花娇。唯她另类，身姿也婀娜，坏在一只眼睛有些斜视，好在脸上有阳光般温暖的笑容，她整个人不美，却可亲。每到情人节前夕，她家门庭若市，那些娇艳欲滴芬芳馥郁的玫瑰成捧成捧地被送来，但没有一朵是属于她的。

他是和那些捧玫瑰的男人一起来的。他们都围着她的大姐、二姐热热闹闹地说起俏皮话，两位姐姐也公主般矜持又骄傲地陪坐着。他只在外围里闲看着，眼光又扫到忙忙碌碌的她身上，她像个小小的又周到的主妇，帮母亲端上招待客人的茶、点心、水果，步伐轻盈，动作协调，一份家事做得倒像在跳舞。他不由得笑了，眼睛更盯紧了她。看到他向她笑，她便把本来挂着浅笑的脸，又撑开了些，落落大方地回他一个充盈饱满的笑。他长得星眉朗目，帅气阳光，只是看不出他属意她哪一位貌美的姐姐？每次，他们来，他也来，只是闲闲地在人群外围上，倒时不时跟她搭话。

他向她表白的时候，她惊呆了。不知道他犯了什么傻，竟会中意她？她不相信他，以为他在逗趣。他却大张旗鼓地在朋友和双方老人间宣扬开了，要娶她为妻。她的父母自然开心，没料着貌不惊人的她，倒被帅气的他相中。他父母不同意。他家从事水上运输业，子承父业，家里的船舶将来是要交到他手里的。他在后面掌舵，他的妻子就是要能在船头领航的人，而她致命的弱点——眼睛不好，她怎么和他夫唱妇随？她自己也一直是犹豫多过欣喜。她默默地跟自己较量："他看上她什么？她什么都不如姐姐们？"但他一直坚持着，非她不娶，一日又一日，他水滴石穿的柔情和守护，终于击退了她的犹疑和胆怯，她成了他的未婚妻。

天下没有犟得过孩子的父母，既然是儿子真心喜欢的姑娘，他的父母也没敢死劲拦着。后来，就是一段花好月圆的日子。婚后的他和她似藤和瓜，似花和蝶，痴缠爱恋。因为她视力不够好，他总是一个人开船出海。他许诺等挣够一家三口下半辈子生活的钱，他们的计划里，他和她之间总会有个宝贝的。他就卖掉手头的那艘大船，待在岸上，天天陪着她。她其实从未觉得孤单，能感受到他的真心，比如，他人虽在海上漂泊，但每一个特殊的节日，他都会给她打来节日电话，2月14日的情人节，她的生日，他们俩的结婚纪念日……他总会说上几句动听的情话。

彼时，是结婚后的第三个情人节，她把手机揣在贴身口袋里，怕错过他的电话。尽管她殷殷切切地等待着，但那熟悉的铃声，没有一如往常准点响起，她拨起那熟悉的号码时，心里竟然绞痛起来，她升腾起不祥的预感，电话果然无法接通。她的预感也成了现实，早在情人节前两天他的船就沉到海里去了，他随着那艘大船一起消失在茫茫大海里，再也没有回来。

此后，她像没有心的布娃娃一样生活。几年后，父母霜染的鬓发，终日唉声叹气见她就像喝苦药的神色，终于逼得她又嫁人了，对方是一个老实而又贫穷的男子。

她选他，是因为他能容忍她离奇的行为，比如，在情人节那天，独自去海边凝望那片海。

手机牵系的姻缘

　　彼时，她正年华似锦青春如花，周围熟悉的人都热心张罗着，要将她这朵好花，配一只好盆。第一只"盆"是妈妈的好友傅阿姨领过来的。能说会道的傅阿姨把男孩子的家世兜诉个一清二楚，家中独子，穿白大褂的医生，父母是国有企业退休职工，领"三金"。妈妈连连点头，说："好，好，让孩子们见见！"

　　择日不如撞日，傅阿姨雷厉风行地把男孩子带到她面前，他高高瘦瘦的，上穿白衬衫，下着褐色休闲裤，模样清爽帅气，倒是很入她的眼。他和她面对面喝茶，他不看她，也不跟她聊什么，只是不停地看手机，翻来覆去地看。她也跟着他的目光，把他的手机看个遍，肥皂那么大的块头，白色翻盖。其时是，九十年代末期，这小城里的经济像停在机场的飞机，未及起飞，有手机的人不多，刚刚走上工作岗位的她，当然也没有手机，她挣的第一笔工资都交给了妈妈，报答妈妈的养育之恩，她心里对男孩子有种说不出来的感觉，隐隐觉得他在炫耀他的手机。

　　傅阿姨拿了纸条来传话，男孩子看上她了，纸条上是他的手机号码，如果她也对他有好感，就打他手机。她把纸条扔了，在心里气愤地说："有手机了不起？不要谈！"

　　单位的领导派她去乡下作短暂的工作，在那里她遇到另一个他，他跟她一样，是单位派过来的。负责人把一干人分了组，他和她不在一个小组，他的动作利落，在他们组干完活，又跑到她们组接着干，她们组的人都夸他是个好小伙儿。他话不多，只是微笑着埋头大干。很快，活干完，乡下的领导留吃中饭。她想起早上出门，没告诉妈妈中午不回去，向来喜欢等她吃饭的妈妈会望眼欲穿地等着她。她打算一个人找车回家，那偏僻乡下，车并不好找，大伙儿建议她还是安心地吃饭，等下午各单位派车来接。一位热心大姐出主意，可以去领导办公室，跟领导借个电话，打给妈妈告知一下。

她转来转去，像热锅上的蚂蚁，实在不行只有去找领导借电话。他跟着她一起出门，掏出兜里的手机说："用我的手机打给你妈妈吧！"她一看，如干渴的人遇到了水，高兴地说："怎么好意思呢？"手里却是接了过来。一只墨绿色的直屏手机。她鼓捣了一会，不会用。他说："我来！"给妈妈打完电话后，她想起来，这是他第二次乐于助人了，于是对他产生了莫名好感，主动问他："你这个手机是什么牌子？"他说："某酷男骑一摩托车在路上飞驰，突然摩托坏掉，恰逢一位老大爷赶着骡车缓缓而来，老大爷帮助酷男将摩托车抬上骡车，原来摩托要骡来拉。手机的牌子是'摩托罗拉'的。"她哈哈笑着记住了手机牌子和他。

再后来，他时常用"摩托罗拉"打她家里的电话，她这朵花，就自愿地栽到他这只"盆"里去了。

又过了几年，她已是他的妻子了，手机也已是尘世寻常物，想起前尘往事，她总觉得她的姻缘关乎手机，败也手机，成也手机。

一朵开在彼岸的花

　　她是在闺密男友的生日宴会上遇见他的，他高高瘦瘦的身材，穿黑色立领夹克配磨白的休闲牛仔裤，单眼皮，嘴角带着一丝冷冷的淡漠，像韩剧里那些男主角，冷漠而帅气。不过，她不太喜欢这种类型的男子，觉得他们冷淡又骄傲，像夜晚的月亮，明亮却没有温度，不能暖人，便毫无用处。

　　落座，他和她恰是比邻。酒到酣处，有人叫嚷着让她给闺密的男友——寿星敬酒。她望着酒杯犹豫，那大杯的红酒像玫瑰研成的汁，漂亮却不宜她的身体。没料着，他横过手来，端起她的酒杯，利落地抬手仰头把酒喝了，还是那种淡然的神色："女孩子不能喝太冷的酒，不要勉强，我代她喝了吧！"她再看他的眼神里有一丝感激。

　　宴会散后，她一个人等车。开了车的他很绅士地要送她。路上她问他："你有女友了吗？"他浅笑着说："我有妻子了，一个月前，婚姻的八字画了不圆满的一捺。"他不再说话，也不再解释，这不圆满的一捺是怎样的婉转曲折？

　　终于从闺密口中知道了他那"不圆满的一捺"，他是闺密男友的师傅，一位心灵手巧的琉璃技师。琉璃在他手里鲜活，他的一双灵巧手，可以再现娇艳欲滴的玫瑰、恣意奔腾的骏马、婉转歌唱的枝头鸟……在闺密的工厂里，他也是领袖般的人物。完美中的缺憾是他父亲突然病重，希望有生之年，能看到他走进婚姻殿堂。他慌不择路地从爱慕他的女子中扯来一个，急忙忙写了"八"字。

这样的他，在她眼里完美得无以复加，虽然如月亮般清冷，却把父亲的黑暗照亮，他帅气、善良、孝顺、诚实……她掰着手指头算他的好，想着一定要与他抵死缠绵地爱恋一场。

他也是有一点喜欢她的吧，要不然不会在初见，那么自然地代她喝酒，给她讲自己的婚姻……后来，他和她终是有了一份让心整日喜悦欢欣的恋情。

她曾对他说，不会无缘无故发短信打电话给他造成困扰，从来都是他打来电话。可是，夜这么漫长，月亮弯着嘴角嘲笑她的寂寞，她忍不住拨了一个电话过去。接电话的是一位年轻女子的声音："他在听音乐呢，要叫他吗？"女人温柔的声音伴随轻柔舒缓的音乐声淌过来，没有追问她是谁？知道她的存在却平和坦荡。为什么？这个接电话的女人是阳光的，声音里的阳光味道浓到呛了她。也许没有她，他和她会很相爱。日久生情，谁说不会是这样呢？

离开不过是一转身的刹那，后来，她遇到了另一个很美好的男子，他给了她光明坦荡的爱情，他宠她像宝。时间这创可贴已把从前心上的伤修补得找不到一丝痕迹。

一天，她的手机里收到了一条陌生短信："亲爱的，你忘了我了吗？我没有忘过你，我爱你一背子。""一背子"应是"一辈子"吧。短信随后又有了好多条，每条都有错别字，她恨得牙痒痒，她最是讨厌别人用错字的。她以为自己被人开了玩笑，打电话过去，竟是他的声音，她"啪"的一声挂掉电话。

突然明了，他不过是一朵开在彼岸的花，那花千娇百媚般好！是因为隔了重重水，难以触摸。攀山涉水寻了去，许是虫豸啃咬的颓败形迹，就像《诗经》里在水一方的佳人，因为溯洄从之，道阻且长，才让人辗转反侧魂牵梦萦，朝夕处之也许不过是凡夫俗妇。

嫁给爱情

彼时，蜗牛是那所中学的高一学生。学校有个废弃的小礼堂，人迹罕至的小礼堂是蜗牛的"秘密基地"，她一有烦恼忧心事，便去自己的"秘密基地"，她"蹭蹭蹭"地爬上小礼堂的顶楼，远处是一块荷田，一年四季景不同："早有蜻蜓立上荷""接天莲叶无穷碧""留得残荷听雨声"都可以观赏到。在大自然面前，学习上、生活里的烦忧会如太阳下的露珠儿，消失无踪。

那一天，蜗牛又逃课去小礼堂顶楼，她的"秘密基地"竟然被人占领了。那男生，蜗牛一下子就认出他来，他是老师、同学们眼中的"学霸"。在学校富丽堂皇的大礼堂里，他曾给全校的学弟学妹作过学习经验的介绍。虽然，"经验"这种东西向来是好听难学，但让蜗牛记住了他的名字——秦朗，他的模样——晴朗，风清云朗的样子。

古灵精怪的蜗牛，不知道怎么就起了逗他的兴趣，她冲着他大叫一声："老师来了！"她没料着，秦朗二话没说就从顶楼跳了下去，距离顶楼半层楼高的地方有一平台，他是要跳到平台上去。蜗牛这才紧张得急了眼，一个箭步冲过去，她只是想开个玩笑，要是演变成事故可怎么得了？也许是惯性，也许是心慌，蜗牛竟跟着秦朗一起掉落在平台上。秦朗在跳落的过程中，衣服被打开的半扇窗户钩住了，他落地的时候有偏差，一个胳膊撞上了墙。蜗牛似乎是平安着落，但摔落下来仍然是疼的，又因为害怕，她的眼泪不争气地滑落下来。秦朗一点也没怪罪她，还赶紧安慰她："不要害怕，我们一起爬上去！"秦朗抓着突出的半扇窗，又爬上了顶楼，他伸出右手来拉蜗牛，无奈，蜗牛跟个沉沉石块似的就是上不去，秦朗只好又伸出左手，两手一起拉，蜗牛看见他伸左手时，又是皱眉又是咬牙，满脸的心不甘情不愿！但那势头上，蜗牛可顾不得自己的自尊心，还是紧抓着秦朗伸出的双手，终于攀了上去。

到了顶楼，蜗牛发现秦朗的左胳膊耷拉着一动也不能动了，像条死鱼。蜗牛自己的脚也崴了，两人一起去校医室，校医给两人都拍了片子，片子出来，医生连连训斥秦朗："明明左臂已经骨折，还提重物？"蜗牛心上的愧疚和害怕这才如潮水决堤，他很快就要参加高考了，而她是害他臂膀受伤的罪魁祸首，学校老师、他的家长知道了此事，还不生吞活剥了她？秦朗似乎看出了她的焦虑，便安慰她："好在是左胳膊，不碍事，不影响参加高考的！"

后来，秦朗考上了大学，蜗牛升高二了，他们没有联系过。

多年后，未婚的蜗牛是城建规划局的职员，那天，来蜗牛单位开会的人特别多，穿了长裙走在台阶上的蜗牛，看他们一个个气度从容地从她面前走过，又一个人走过来，他长得星眉朗目，身形挺拔，他帅气的面孔给蜗牛一股熟悉感，她脑子不停转着，想从记忆的脑海里翻出他来，心思转动的蜗牛完全忘记了自己穿的是长裙，走着的是台阶，她一脚踩到自己的长裙上，摔倒在他面前，裙子哗啦破了一大片。就是电光火石的刹那，他一下子认出蜗牛来，开怀大笑起来，原来他就是秦朗。

这以后，两人理所当然做起了朋友。重逢不久后，秦朗就被他的单位派去欧洲了。远在异国的秦朗在某一个夜晚发来表白的短信，蜗牛高兴得在床上滚来滚去，似乎不管她给他多尴尬悲惨的事儿，到他那儿都是晴朗。

秦朗从欧洲回来，开了车去接蜗牛，途中，他下车去办事儿，给古灵精怪的蜗牛丢下一个有趣话头儿："我给你的求婚礼物就在车上，给你三次机会找到它，找到了我们就结婚。"蜗牛在车上一阵东找西翻，发现一个超大盒子，打开一看，里面是一些蛇果。蜗牛等他来的时候，立马噘起小嘴说："求婚礼物是蛇果？太没有诚意，我不要跟你结婚！"秦朗做出晕厥的表情，告诉蜗牛，那可是同事送给自己老婆的圣诞节礼物，忘记在他车上了，还得给人重新包装好，送回去。他对蜗牛说："你还有两次机会！"蜗牛又找起来，这次她打开的包装盒，里面是一条丝巾，秦朗得意洋洋地说："这是送给你妈妈的！"看他那副这次你没有我聪明的神色，蜗牛调皮心又起，拿了他背后的抱枕，准备说："抱枕。"秦朗慌了赶紧捂住她的嘴，说："我告诉你，礼物就在副驾驶座下面，你去拿，算你找到的！"蜗牛去拿，是一个精致的小盒子，打开一看，里面是一个造型别致闪闪发亮的钻戒。

蜗牛和秦朗结婚有十六年了，她现在说起和秦朗的相遇依然乐不可支，嫁给爱情的女人，才是真正嫁给了幸福。

快慢相宜的婚姻

我是个慢性子，凡事都慢吞吞的。老公是个急性子，做事向来风风火火，我俩就是俏皮话里的"急惊风遇见个慢郎中"。

彼时新婚，同时起床的我们，我才收拾到刷牙阶段，他已洗漱完，吃好早饭一切准备得妥妥当当，出门上班去。好在我的单位与他的不顺路，我们并不需要结伴而行，彼此无须等候，相互间就既不抱怨也不指责。

不过，我俩时不时在对方面前生出自己性格的优越感。他觉得，动作快好，做事效率高。我感觉凡事慢一点也无妨，显得淡定优雅。

前阵子，公公给厨房门新换了个门把手，不料，这只门把手却是劣质产品，包边没有打磨好。他下班回来拉门，被门把手一下子割破了手，血汨汨流出，自己去医院包扎了伤口。我下班回来，也拉门，也划了手，不过只是破了一点儿皮，没有出血。

他的急性子让他旧伤未愈，新伤又来。起风了，眼看着一场雨要来，他"噔"地从电脑前站了起来，去关窗，只听老式木窗，"嘭"的一声进了窗框，铁插销"嗒"的一声，铁杆进入铁套，窗关好了，他却抱着手指头从窗边走回来，我一看，他关扇窗户，倒把手指头给弄破了。

纵观素日平常里，他不是被窗户夹了手指头，就是一不小心撞了墙，擦破胳膊，小伤层出不穷。偶尔，有外因，我俩同时受伤，他竟也比我重了点儿。我在他面前得意洋洋，还是我这慢性子好，他竟不像刚结婚时，那样与我争辩理论，只是大度一笑。

直到那天，我穿了新买的长裙，骑了车去上班，风还没敛性子，起劲吼嚷着，丝毫不怜惜地把我的雪纺长裙搅到车轮里，我停了下来，拼命地想从车轮里扯出我的裙子，然而裙子跟死鱼一样，纹丝不动。那情状真的很尴尬，幸好那当口街上行人寥寥无几，但再过一会儿，人们就该上班了。我只好打电话向老公求救，他在电话里肯定地告诉我："马上就到！"几分钟后，我看见迎面的方向，老公蹬着他的自行车，迅疾地赶来了，他一到三下五除二帮我扯出了车轮中的裙子，还把身上的外套小褂脱了下来，扎在我腰间，挡住了裙了扯破的地方，让我可以自在安然地回家换衣服，没有丝毫窘态。那是我第一次感觉有个动作利索的老公真好。

日子过得越久，我越改变了从前的看法，体会到有个动作快的老公多么好，出门旅行前，他会帮你收拾东西；一起外出归来，他会赶在你前面就打开了家门；如此，只要与老公在一起，我就随性过日子。

一个烈日炎炎的夏日午后，我们从乡下老家送娃去城里的少年宫学习。往常，孩子去学习，我们就去城里的家休息。一直细致周到的老公竟然忘记带城里家的钥匙，我们被关在了门外。我这慢性子心里一点也不着急，没有钥匙进门，我让老公把车直接开去城里的图书馆，在图书馆里，我看书，他上网。我们渡过了极其惬意的半天时光。

我也日渐明白婚姻的幸福与性格没有必然的关系，我和老公的性格不一样，步调不一致，但彼此之间是真爱，事无大小，互相包容，因此我们总是很和睦，没有在婚姻里做怨偶，反而过得如糖似蜜。

像树像野花那样生活

　　前些年，我们还没有买车，有事出远门急需要车，就叫他来载我们。他有一辆银灰色外壳的面包车，所有人都叫他小秦，他的年纪比我和先生大，有四十开外了吧？我们不好意思唤他小秦，尊称他秦师傅，他对我们也特别热情周到。来得特别准时，要是碰到搬运重物，也一马当先地出力。

　　上车后，秦师傅开车技术娴熟，游刃有余地穿行在大街小巷。我常常与他闲聊。他有两个如花似玉的女儿，大女儿十二岁，小女儿七岁。房子是刚刚买上的，位置离我家小区不远。

　　后来，我见到秦师傅的妻子，长得特别美，白棉花样的肌肤，杏子脸，清水眼，身材没有因为生孩子有一点走样，依然纤瘦若杨柳。她穿旗袍，旗袍在她身上，仿佛青花在瓷瓶上，相得益彰，韵味无穷。

　　我又一次坐秦师傅的车，兴致勃勃地发问："秦师傅，你当年怎么把那么漂亮的媳妇追到手的？"他哈哈大笑，那大笑仿佛车窗外恣意的阳光，席卷所有，我却听出了一丝不寻常的意味。果然，他开口回答我："哪有追？当年穷得叮当响！都找不上媳妇！"我露出惊讶的神情，生活的书，封面与内容大相径庭，令人费解，我不得不刨根问底："找不上媳妇？那这么漂亮的媳妇哪里来的？"秦师傅倒不遮掩，娓娓道来，他的父亲早逝，寡母无挣钱能力，家有哥嫂，却并不照顾体恤他，早早分了家，他什么也没分到。其时，已到适婚年龄的他，虽然长得浓眉大眼，健壮有力，但一个"穷"字，仿若天堑，阻隔所有姑娘和他之间的姻缘，本地即便是性格最老实长相最普通的姑娘也不愿意嫁给他。

他倒也不怨爹怪娘，自去讨生活，去建筑工地上做搬运工，挣钱养活自己。他像一棵树，栽在哪里，老天给点雨露阳光就能活下来。他活得兴兴头头的，挣了一点钱，又兴致勃勃地去学了驾驶技术。

他听闻，职业说媒人领来一帮外地姑娘，她们一心想嫁到日子看上去好一些的本地来。他便去撞姻缘，没料到，其中最漂亮的一个姑娘和他对上了眼缘。他东挪西凑给说媒人一笔介绍费，便把那杏子眼姑娘领进自己的出租屋里。

家有美娇妻，他的干劲更大了。他先是给别人开车，挣的那点工资，他从不乱花一分，全部交到美娇妻手里，存起来。攒了两年钱，他们买上了一辆面包车，他自己开始跑短途、长途的生意，他为人热心，价格公道，守时诚信，顾客自然多起来，他们在出租屋里生了两个孩子，一晃十多年过去了，终于买上了一幢新房。他又买了一辆轿车，轿车可以接新娘，做婚庆的生意。秦师傅终于像一棵树，撑起了自己的一方天空。

经过秦师傅家的小区，我偶尔碰巧看见他的妻子，离开故乡，在他乡落地生根的她，竟然没有焦虑和忧愁的神色，干净的脸庞上总带着微微的笑意，那样子恬静又美丽，像路边的野花，随遇而安，灿烂从容。

我最后一次坐秦师傅的车，恰巧听到她打电话来告诉秦师傅，他们寄给她远在外地父母的钱，被她的姐姐私吞了。本来说好，她把孝顺父母的钱汇到姐姐的户头上，姐姐再转交父母。她打电话给父母，两位老人一致证实姐姐没给钱。秦师傅在电话里安慰她："我们还是给老人办个银行账户，以后直接寄到老人户头上吧！"她在电话里义愤填膺地斥责姐姐，他则宽慰她："算了，谁让你们是亲姐妹，钱，我们还可以再挣来……"她那边释然地挂了电话。多少外地女人，当初一门心思嫁过来，可是不久就改弦易辙，丢夫弃子。唯有秦师傅的她，把他乡作故乡，一心一意生活下来。固然是她品性好，但一定少不了秦师傅这棵大树肯担当，肯给她这朵"花儿"遮风避雨吧！

近些年，身边的私家车如雨后春笋，纷纷冒出来。许多跑车生意的人，门庭冷落。秦师傅自然也受到冲击，不过，他们夫妻是像树像野花一样的人，总会好好生活下去。果然，不久我就听说秦师傅因为出色的驾驶技术和憨厚的品性被一个大企业家录用为私人驾驶员，薪水高出我们普通人几倍！秦师傅两个孩子都上了学，她也去上了班，她在家附近的酒店做服务员，做得很得心应手，有模有样。

说不准，天上又要挂太阳

　　我们小区东边，是三排老旧的红砖平房，平房的主人们大多住进了敞亮的高楼。这旧平房未及拆迁，便租给来城里讨生活的乡下人。平房里租住了一户人家，是中国传统人家的格局，公公、婆婆、儿子、媳妇，还有一个小孙女，三代同堂。公公有画艺，婆婆又勤劳，两位老人租了个宁静店面做玻璃中堂生意。儿子在一家机械厂做技术员，媳妇则在繁华街道上开了个卖服装的门市，小孙女每日欢天喜地背了书包去上学，这家没有一个好逸恶劳的闲人。虽然他们是从乡下租住到这城里，但我们有理由相信，凭着这么多双勤劳肯干的手，要不了多久，他们一家就会在城里落户生根，过上好日子。

　　好日子就是天上挂个红太阳，地上人儿笑盈盈。可是，红太阳任性地耍起了小孩儿脾气，好好的晴天朗日，说阴就阴。

　　留着大波浪卷发，敷了白粉，抹着紫红色口红，着黑色丝袜的儿媳，成日里粘在服装门市里，总不回租住房来。儿子去接她，她只说生意忙。夜里有什么忙的？"忙"不过是有些人为自己的作息行踪作一番掩耳盗铃的解释。她与一位大款有了私情。她老公是老实厚道的人，只是一个劲地对她好。再好，也拽不回一颗变了的心。没用多少日子，她的"忙"就现出原形。某一日，她关了店门，像太阳下的水珠一样消失了。

再也没有比跑了老婆这样的世俗难堪事，更让男人觉得暗无天日。租住房里，本来就沉默的儿子，更消沉得好似一摊烂泥。老婆婆仍是忙里忙外，天阴了，天漏了，全撑得住的样子。她大着嗓门跟邻居们说话，说到儿媳，露出先知的神气："我当初就不同意这门亲事，早看出来她不是一个安分的人，但儿子要呀！天下父母犟不过儿女，我们只得接受着，现在果然苦果子一枚！家里的积蓄都投在她的服装生意上，如今……"老人这样说的时候，她的儿子都不在。

儿子在单位的体检中，被检查出患上了乙肝，一下子被单位辞退了。屋漏又遭雨的儿子，烂泥样的儿子，这次索性不吃不喝起来，他整日把自己关在卧室里。老婆婆站在他窗户外面，声音朗朗对邻居们说："没事，病休养休养会好的，老婆没了，再找一个，关键要有精神气，说不准，天上又要挂太阳！"老人其实是说给窗户里的儿子听的。两位老人一如既往兴兴头头地忙碌着，老爷爷照顾孙女和店里生意，老婆婆去医院照顾儿子。

儿子终于又健康起来，有人给儿子介绍了一位离异女子，女子长得很普通，黑红脸膛，但跟老婆婆一样见人笑漾漾，说话声音爽朗。女子也许是曾惨痛过，竟一点也不嫌弃这家儿子病过、穷着，心甘情愿与他在租住房里过日子。两人相处了一段时日后，在租住房里又入婚姻之城。

时来运转，有精湛技术的儿子被另一家机械厂看中，那家厂开出的薪水是他原来单位的五倍。两位老人继续做生意，媳妇料理家务，她怀孕了。一年后，她生了个男孩，看着孩子粉嫩嫩的小脸，一家人活得更有劲头了。全家齐心协力地攒钱，花了三年的时间，终于在城里买上了一幢小小的旧房子，搬离了平房租住区。

此后关于他们一家的故事，简直像一部电视剧，又好看又解气。那位自以为傍上有钱人的前妻，不久就发现，所谓"有钱人"不过是骗子吹出的五彩肥皂泡，等她真的用手去一触碰就破灭了。她怀念起老实又厚道的前夫，一回头才发现，属于她的巢早已被别人占领，她只好借着女儿大闹了一场，说他们有了儿子后，便不再疼爱她的女儿，但她怎么闹，时光也回不去了。

我们之所以能知道后来的故事，是因为这户人家又搬回了租住房。他们买的那幢旧房，要拆迁了，这次拆迁，政府会根据他们家的人口，赔偿一套大房子，他们一家的日子，果然应了老婆婆当初的那句话："说不准，天上又要挂太阳！"很多时候，人们一句无意或者有意的句子，会成为谶语，印证了后来的生活轨迹，这一家人终于有了梦想中的大房子和好日子。

PART C

结发
为夫妻

有人形容在大都市里生活，

房子像鸽子笼，

过日子像鸽子在鸽笼里般逼仄和难受，

又把小镇的日子说得诗情画意无数。

其实，在小镇生活更像一个大锅里煮饺子，

像饺子一样的人们总是互相亲密又没有秘密地活着。

——《镜花水月》

爱情盾牌

我每日散步都会遇到他们夫妻俩。

初时遇见，心上不由分说跳出冯骥才的名篇《高女人和她的矮丈夫》。我目测，这夫妻俩的身高差距没有小说里的男女主人公那么鲜明，但也足够让路人侧目。女人身高有一米七五，腿长臂长、肩膀又宽，像一堵木板门。男人最多一米七，虽然也不瘦弱，但往女人身边一站，她显得孔武有力，他则小鸟依人。他和她总是肩并肩走在街道上，看见熟人就爽朗地笑着打招呼，很是平静自若。

小城镇的好与不好都是藏不住一个人的过往。日子一久，我就知道了他们夫妻俩当年的恋爱故事。

彼时，他和她是一个村庄上的青年男女。她与他同村、同龄、同姓。一对花样年华的男女在人生里写上几个"同"字，有时候是让人惊喜的缘分，但有时却又是危机和压力重重。他俩的爱情梗在"同姓"上，他和她虽不是血缘至亲，但却是远房亲戚。爱情总是起头容易坚守难。双方的父母都不同意他们的恋爱，等到两人计议着结婚，她的父母激烈反对，她母亲先是一把眼泪一把鼻涕哭着对她说："人家会说，我养的女儿嫁不到人了？非要嫁自家同姓人！再说，除了年龄，你们哪里看上去般配？"她当然不听。她父亲又冲她吼："你要嫁本村同姓的，就不要进我家门！"父母言语的小箭"嗖嗖"射向她，她拿起自己爱情的盾牌，拼命抵挡。他那边也是焦头烂额与父母好一顿抗争。等自己的父母默认了，他又跑她父母的面前，言辞凿凿地表态："将来，我和杏子会好好给你你二老养老，孝顺你们！"她父母朝他"呸"了一口，很是不屑地说："我们又不是没有儿子，要你来养老？"她的弟弟名牌大学就读，健康又优秀。

他俩一直持着爱情的盾牌，对付纷扰的"长矛短箭"，终于流言蜚语退了，父母坚硬的心也变得柔软。双方父母都睁一只眼闭一只眼，由着他们去小城里买了新房，欢天喜地结了婚。他是木工，一如既往出门干活，她就做家庭主妇，管两人的一日三餐。他们很快有了孩子，一个可爱的女儿。后来，他野心勃勃地开了装潢公司，也没有多余的钱雇厨工，她就自己负责公司里所有工人的饮食，她待工人们如自家人，工人们干活也分外用心尽力，装潢公司的生意风生水起，他赚得盆满钵满。

她又给他生了个儿子，生活越发对她撑开一副笑脸，婆婆帮她带小儿子，母亲帮她照应大女儿。装潢公司新请了两个厨工，她只负责监督饮食务必干净卫生，一如她亲自下厨。

现在的她，父母、公婆、丈夫疼爱，有儿有女，日子真是晴空万里。可老天真是小孩子的脸，说翻脸就翻脸，她突然就接到外地来电，那通电话让站着的她一下子就瘫倒在地上号啕大哭，她那出类拔萃的弟弟在车祸中丧生了。她除了哭，不知道怎么面对弟弟的去世，还有父母白发人送黑发人的悲伤和绝望。

弟弟的丧葬、事故责任的认定、协商赔偿事宜都是他一个人，奔上奔下，跑前跑后，回来又安慰她和她的父母。

她看着他疲惫的步伐，突然冒出的白发，生出感激。想当初，她的父母可是拒绝他进门，还对他说了不需要他养老的狠话。如今残酷的事实，响亮地打了父母的嘴巴。个子比她矮的他，却是大丈夫，旧事从来不提，只管殚精竭虑地忙碌着，尽力地稀释着一家人的悲伤。

　　悲伤在日复一日，年复一年之后，终于慢慢走远，看着一双结合他和她优点的儿女，茁壮健康成长，她又露出从前那样爱笑的脸。他对她一如从前般宠爱，生活幸福的她，发福了，体型更高壮，他倒一如从前。现在他俩站在一起，越发显得男女角色错位。但真正的爱情，那发自内心的真情是可以抵挡俗世偏见和生活中一切锐利箭矢的盾牌。

瓷似的女人，船似的男人

　　若用瓷来比喻女人，王书桃一定不是有着细腰形状的优雅名贵的青花瓷。王书桃是一只粗瓷碗，笨白的粗瓷底上描上两朵蓝花瓣，看上去倒也顺眼可意。粗瓷碗最大的好处，是拿来用的，不是摆设，例如盛饭装汤，人就觉得这日子烟火又实在，不缥缈，王书桃就是这样一种女人。

　　当初周晓军的父母就是看上王书桃的实在，结婚就是要实在。周晓军看王书桃，说不上好来，当然也挑不出不好来。要从"笆门对笆门，柴门对柴门"婚姻需门当户对这一格局上说，王书桃绝对配得上周晓军，家境相当，外貌相当，王书桃书读到初中毕业，就不愿再读，去服装厂做了一名女工。周晓军也是父母求着他读书，他也不肯跨进高中大门一步，他学了油漆工手艺，成了一名手艺人！

　　这样的两人，媒人眼里简直天造地设，双方父母也频频点头，结婚顺理成章。婚后一年，王书桃生下一白胖小子，公婆喜笑颜开，日子美满得要溢出来，果然也就溢出来了。

　　周晓军要离开小镇，去大城市闯一片天地，他再也不满足于待在小镇上帮东家刷刷墙，西家涂涂漆过日子，他有着自己的目标，他想像电视上成功人士那样，做老板，住高楼，开轿车……

　　周晓军心里希望王书桃跟他一起去闯城市的一片天地。王书桃是说走就走的女人吗？当然不是，粗瓷碗似的王书桃，一点也不愿意出远门受外面世界的磕磕碰碰。周晓军倒也没勉强她，一个人走了。王书桃在家上班，照顾儿子，照料老人，忙得不亦乐乎，周晓军逢年过节就回家。周晓军回来就给钱，开始是薄薄的几张，塞到王书桃手里，后来钱开始慢慢厚起来，这跟周晓军回来的时间成反比，他钱给得越多，在家待的天数就越短。

有一年，大过年的，周晓军三十晚上才紧赶慢赶到家，只过了个大年初一，初二就要赶往工地，王书桃留他也留不住，还是他父亲发了脾气，周晓军才陪父母、老婆、孩子过了初二，但初三他还是走了，他口口声声说工地上离了他不行。其实王书桃心里也有数，工地上有个鬼，谁不回家过年？周晓军像一艘船，不肯在王书桃这儿停泊了，一次次地出航，一定是远方的港口更能吸引他。王书桃打定主意，不再做一只粗瓷碗，无论如何磕碰得粉身碎骨也要保一保这婚姻，但是周晓军却不似从前，怎么也不肯带她一起出门！

王书桃不是那种死缠烂打的女人，既然做不成你的港口，我就做回我的粗瓷碗。周晓军给王书桃八万块钱，她就成了小镇上第一个离婚的女人。女人们的吐沫要把王书桃淹死："王书桃真是笨猪样，周晓军在外挣得万贯家财，都被狐狸精得去了，她就落个八万块！"不断有人接茬："要是我，看不寻死觅活闹得他家鸡犬不宁、人神不安？"

王书桃像是什么也不知道似的，安安静静地回了娘家，不久镇上一个男人托人来说媒，男人是做木匠手艺的，打得一手好家具，两人也就成了。他给王书桃做了一个碗柜放家里的粗瓷蓝花碗，男人日出而作，日落而息，一直伴着王书桃。王书桃也和男人把日子过得安稳静气，像一只粗瓷碗静静地待在碗柜里。

王书桃和周晓军的儿子磊磊，已经七岁了，孩子平日里待在周晓军城里的家。放假了，周晓军就开着车把儿子送到王书桃身边，走亲戚似的。儿子性格阳光活泼像只小狗仔，成天无忧无虑活蹦乱跳的，到哪个家都新鲜美气。

堤　岸

　　李善军年轻那会儿是不良青年。春尽未夏时候，他把小褂搭在肩上裸着胸脯横行在街市上，浑圆结实的光膀子上刺着两条张牙舞爪的青龙，良民遇见他总不由自主地退避一二。李善军的终点站是百货大楼的烟酒柜台，聂丽娟从明亮的柜台里给李善军取出烟来，他利落地撕开包装，抽出一根含在唇边，打火机"啪"的一声烧燃香烟，烟在他唇边上像磁铁吸附，要掉却不掉。男人不坏女人不爱，这话在聂丽娟身上很是应验，李善军那邪痞的样子让她怦然心动，花朵般的聂丽娟就这样做了李善军的女朋友，后来，成了他老婆。

　　说来也怪，自结婚后李善军就变成了一个好男人。从前"江湖"上的那帮弟兄找上门来，硬拉着他一起去干以前喝酒打架砸人家铺面的闹腾活，他一口回绝，堵起他们振振有词："你们万事不碍，一人吃饱，全家不饿。我有家有室的人，犯了事，老婆孩子谁管？"他只管好吃好喝招待一顿，就撵他们出门。见他如此之心，那些兄弟们便也不大上门来了。李善军跟人学了手艺，做了厨师。他烧得一手好菜，把聂丽娟和儿子养得白白胖胖，尤其是聂丽娟褪去了少女的青涩，添了成熟风韵，见到聂丽娟的人都说她变得比以前更漂亮了。

　　儿子长到十岁时，百货大楼因经营不善，倒闭了。丢了营业员工作的聂丽娟去一家通信公司应聘前台,面试成功。工作了一段时间后,向来温柔的聂丽娟开始挑剔李善军,说他这么多年说话总是冲头冲脑,脾气坏,还有李善军身上有熏得她头痛的怪味,辣椒大蒜酱油味混杂着油漆味。可是,李善军为了这个家能过得更好,除了做厨师,还干了油漆工。最让她无法忍受的是他身上那两条青龙刺青……总而言之,这日子是过不下去了。

聂丽娟利落地打包了自己的衣服搬离了家。开始,李善军去苦苦哀求她回来。他郑重地承诺,会改脾气,会在进门之前把身上的味道清洗干净,唯有青龙刺青没有办法去掉。那是年少轻狂的时候,用针刺进去的,但这么多年下来,青龙早已褪去当初飞扬跋扈的模样,只成淡淡痕迹。李善军好话说了一箩筐,聂丽娟却心如磐石丝毫不动摇,没有一点跟他回家的意思。

李善军以为她只是生活累了,闹闹性子赌赌气。后来,流言终于传到他耳朵里了,听说一位有钱人在追求聂丽娟。他明白过来,她变心了,所以才对他百般挑剔。李善军心里一百个不愿意与聂丽娟离婚,这么多年他用尽心血维系的家,他舍不得散。但他也恳求了,一个大男人做到这份上,还能怎么办?拿出年轻时鲁莽行事那一套吗?别看李善军粗莽,但他却聪明,他懂得,爱一个人不是伤害她,婚姻如沙握得太紧容易漏掉。

他去看聂丽娟的次数少了,渐渐地也就不再去了。他在聂丽娟的闺密那放话,他要跟一个初中时暗恋他的女同学见面喝茶,聂丽娟要离婚,他就成全她。聂丽娟那边的情况是,她从家里搬出来不久,那个有钱的追求者就不大现身了,那个有钱人其实就是网上流行的所谓"泡良族",一旦女人从良家妇女沦为离异妇女,他生怕黏上,溜得比泥鳅还快。

当聂丽娟有回归之意的时候，李善军居然同意了。他旧日的好友指责他，没有当年血性，他甚是心平气和地一笑。年岁越长，他越觉得过日子犯不着赌气，回头是岸，聂丽娟当初放弃众多追求者，选了他，把他从"江湖"里领到她的岸上来，过了好一段幸福美满的日子，而一直自诩大男人的他为什么不可以做一次她的"堤岸"呢？

角　色

　　男人的岁数已近不惑之年，在一座重点中学做美术老师。素日平常，他留了高晓松那样的中长发，白色棉布T恤，休闲牛仔裤，看上去显得年轻、干净、帅气，还有一丝艺术家的格调。他的这份精致，理所当然是家里的那位女人，一手打理出来的。在工厂上班的她全然不顾自己每天累得像狗一样，太上皇似的供着他，衣来伸手，饭来张口，油瓶倒了也不用他扶，她还总是把他的白棉布T恤，洗刷烫熨得跟新买的一样。

　　最让他省心的是他们夫妻俩唯一的女儿聪明伶俐，小姑娘时不时去省里捧个奥数竞赛奖牌回来，是好几个名牌大学争抢的好苗子。他这样的日子，一无近虑，二无远忧，直羡慕得旁人口水滴答。

　　他却腻烦了，对别的女人动了心。那姑娘比他小十多岁，是同单位的年轻小老师，看上他会描两笔工笔，还看上他儒雅的艺术气息。据说两个人，很是有话聊。他当然不记得，当初他与妻子也是心有灵犀一点通的。现在的他，一脑门的心思是高山流水好找，知音难寻。何况这知音还是花朵一样鲜妍青春的妙女子。他和她有了头昏脑热、激情澎湃的地下恋情，到后来又觉得爱是海誓山盟、天长地久。他不得不回家向她提出了离婚，这让那个为他付出一切的女人恐慌成暴风雨前的蚂蚁，不知道怎样才能守住自己的城池。她又哭又闹，激动起来也与他撕扯，她用尽一切办法，想让自己的婚姻城池不被暴风雨侵袭。可是，婚姻的城池，靠一个人怎么能守得住？他真的不再回头，只留下一句："我受够了你，受够了这样的日子，我们好聚好散吧！"

离婚后的他迅速跟"知音"组建了一个新的家。地下恋人变成妻子后，当然一样柴米油盐酱醋茶，但这个鲜嫩的人儿却不管这些纷繁琐屑，她只愿意在如花似锦的美好年华里享受生活。这一次他换了角色，他不能再像从前那样优哉游哉地生活。每天起床后第一件事就是直奔菜市场，买好当天的饭菜，再匆匆忙忙赶着去上班。晚上回来了做饭、洗衣一把包。每当他让她来做的时候，她就义愤填膺地叫起来："你大我那么多，又没有钱，我图你什么？不就是图你会心疼我？"他一听，只得低眉顺眼继续在烟熏火燎中手忙脚乱。为着少洗一两次的衣服，他不再穿白色的T恤，一律只穿灰色或者黑色的衬衫。他也没有时间和精力收拾长发，他把头发剃成很短的板寸，根根白发毫不留情地冒出来。他们又有了一个小女儿。在他怀抱着哇哇大哭的小女儿轻声抚哄的时候，他有时也会想到那个从来不要他操心的大女儿。小女儿五岁的时候，他的大女儿被北京一家众所周知的大学录取。他去看她的时候，她没有叫他一声爸。

曾经的同事，看到他如今的模样，都说他比同龄老，老得不成样子。哪里还有以前动人心弦的气质和风度？有熟悉他婚姻内情的人就附和着说："以前他过的什么日子，现在又过的什么日子？"这一出如戏人生里，他心里有没有后悔自己中途换角？这真是如鱼饮水，冷暖自知。

镜花水月

她从红色的敞篷跑车上，娉婷走下。我一双四处闲逛的眼，立刻就被她吸引过去，模特般纤瘦笔直的腿，蜂腰，清丽的鹅蛋脸，长发及腰。小镇上多少年没出现过这般美丽、时髦的女郎了。

我正暗自感叹自己的眼福并思量着女郎的来去始末，却不料，女郎径直向我走来，笑盈盈地叫一声："老师！"我惊诧地左顾右盼，路阔却无旁人，分明是在叫我，女郎看我一副云遮雾罩，不识真人模样，越发笑得娇俏调皮，她站定在我面前，自报家门。

我是她念初一时的班主任，我记忆中的黄毛丫头竟长成了如此俏丽的女郎。那些感慨时光是把杀猪刀，刀刀催人老的人们，分明太偏颇消极。时光又如艺术家的雕刻刀，把当初的粗坯小丫头雕刻成风姿卓绝的女郎，那份美轮美奂，直让人目不转睛。

有人形容在大都市里生活，房子像鸽子笼，过日子像鸽子在鸽笼里般逼仄和难受，又把小镇的日子说得诗情画意无数。其实，在小镇生活更像一个大锅里煮饺子，像饺子一样的人们总是互相亲密又没有秘密地活着。她是小镇街心口豆腐店人家的女儿，她这次回娘家，算是衣锦还乡。

彼时，她做小本生意的父母总是忧愁她学习不好，将来何以谋生？高中毕业后，不管父母如何威逼利诱她都不肯再去念书，她打算去南方的城市闯荡。多少姑娘闯着闯着，闯出祸来，一朵新鲜娇媚花陷落污泥潭中，辗转成泥。前车之鉴，她父母不是没在心上反反复复思虑过，但青春的孩子最是会变成一头犟驴，拖也拖不回来。最后，她父母也只无奈地叹息一句，儿大不由娘！

几年后，她难得把一朵花结成了人们眼中最好的果。她嫁了一位好青年，男孩子与她年龄相当，品貌相配，家世豪阔。她嫁过去后，他就帮她辞去公司里的文员工作，让她做起了全职太太。不久，她生了儿子，住在独门独户的城中别墅里，他常常出差，她雇了保姆帮着带孩子，倒也轻松。

孤寂的人免不了向往热闹，她想念自己的家乡，简朴的小镇上有七大姑八大姨，有至亲父母……她在心里一拨算，照料孩子保姆哪有自己妈来得尽心尽责？小镇的空气又新鲜，有利于婴儿居住，她便衣锦还乡。

时常看见她百无聊赖地把红色的轿车从小镇东边呼啸着开到小镇西边。

有时，又见她妆容精致、姿态优雅地抱着一个粉雕玉琢的小娃在街市上晃荡，旁边有她的母亲陪伴着，等她抱孩子累了，随时接过手来。她母亲，豆腐店的生意已经不做了。她说她母亲赚的那点钱还不够她开保姆费的，干脆帮她带孩子。我们常常在街上看到这三代人，像一道风景，美丽的让人羡慕的风景。

突然有一天，我想起数日没在小镇上见到这三代人，立刻就有人解答了我的困惑。早说过，小镇的人像大锅里的饺子一样亲密没有秘密地生活，一个饺子露了馅，什么样的馅，其他的人能描述得栩栩如生。

她的孩子，那个粉雕玉琢像从年画里抱出来的孩子生了白血病，已经转去省会城市的儿童医院治疗。灾难的态势有时候像山坡上滚落下来的石头，一个接一个，势不可当地来了，在孩子检查身体的过程中，医生竟然发现孩子不是他父亲亲生的。她懵了，年轻时掉进的荒唐坑，坑里的污泥一直缠在脚上这么多年？

老公毫不犹豫地跟她离了婚，那位年轻男子倒不算特别寡薄，知道她结婚这几年，没有挣一分钱，那辆为她买的红色敞篷车送给了她，又塞给她不算多的一笔钱，但他的身心是马不停蹄地撤退了。辗转中，她总算找着了孩子的亲生父亲，但他已经有了自己的家庭和孩子。

此后，在小镇人家的一次宴席上，我又见到她一次。她穿着镶毛边的呢子裙，没有往常活跃，但也并不十分憔悴。没有看见她的孩子，有人说，孩子留在医院里接受治疗，活下来的概率不算大。命运最残忍也最宽容，给了她一场镜花水月的过往，还好是在她年轻的时候，她可以从头再来。我透过纷攘的人群，看她年轻漂亮又贞静的脸，如狂风暴雨过后镜子般平静的湖面，什么也看不出！

翻版婚姻

上中学的时候，我有个要好的朋友荣芝。只要放假，我就去找荣芝玩。荣芝爸会热情豪爽地留我吃饭，他兴冲冲地说："留下吃饭，今天有野兔子肉吃！"其实，我并不爱吃野兔子肉，平日鸡鸭鹅类肉食一概不吃。但荣芝爸每每相留，我总是停了离去的脚步，很不客气地坐了下来。也许，只是对于不同生活的向往，我才厚着脸皮一次又一次在荣芝家吃饭，也见识了她家风云突变，戏剧一样的生活。

荣芝爸，身材魁梧，有一脸青茬茬的胡子，他曾在部队当过兵，自己会制作土枪，用来打鸟和野兔。荣芝妈，偏矮的个头，不胖，一双倒三角眼，眼里冷冷的，脸庞上终年没有笑容。

我在荣芝家吃饭的时候，她爸爱喝酒、爱说笑，她妈冷脸、常常出言讥讽她爸："你本事大呢！"他俩说着说着就呛了起来，她爸气得把面前的酒杯"哐当"摔碎了，她妈见了，一把把桌上的碗都撸到地上去，她爸毫不示弱把锅也摔到地上去，轰隆隆打雷般的响声在小屋里，此起彼伏，他们隔几天就要这样干上一仗。我想，这就是所谓的性格不合，但他们也不离婚，因为离婚在小镇上是件遭人耻笑的事。

如果，世上真有如果这种如意果，该多好。如果，他们那时候能离婚，那么后面的人生就不会那么凄惨。

我和荣芝都考上远方的学校，离开小镇，出门念书了。我们再回家，大人们已经纷传有关荣芝爸的流言蜚语，他在外面有了女人，一直在外住着，在荣芝妈找不到的地方住着。荣芝妈老毛病——支气管扩张，严重了起来，常常吐血。他们还是没有离婚。荣芝妈常常在荣芝姐弟俩面前抱怨他们的爸，说他狼心狗肺，对妻子儿女不管不顾。说得多了，一双儿女对他们的爸爸简直要恩断义绝。

后来，荣芝远嫁他城，丈夫模样帅气，是一家酒店里的主厨。弟弟当了兵转业回家，在一家机械厂上了班，也和一个模样清秀的女孩恋爱了。日子如船行驶在静水中，安稳妥帖，突然巨涛狂浪起，船翻人淹——荣芝的弟弟把刀刺进他爸的胸膛，他爸送进医院后没抢救过来。起因是，弟弟看见妈妈又吐了半碗的血，他费尽心血找到了爸爸，让他回来看妈妈。除了远嫁的荣芝，一家三口团圆了，爸爸和弟弟喝了一点酒，绊起了口舌，弟弟情绪激动起来，这才犯下了弥天大罪。弟弟去自首了，母亲流落在娘家。

荣芝先前幸福美满如花的生活，也一日日凋残下来。她的丈夫，那风流倜傥的主厨，在大酒店里总是能见识各式的美女，与一个妖娆的服务员纠缠上了。他常常夜不归宿，荣芝要是说上几句，他一个闷棍子的话扔下来："看看你那个家，还怨我，分明是你爸上梁不正下梁歪，跟你爸比起来，我不知道好上多少倍！"伤口被血淋淋撕开的荣芝，总是一句辩解的话都不想再说，她怎么也没料着，自己的婚姻走着走着竟走成了爸妈的老路。又怎么能把爸妈的老路走下去？

这翻版的婚姻不要也罢，荣芝什么也没要，净身出户。一个人又踏上了漫漫人生路。

一块"钟山表"换掉的人生

婆婆讲她女同学艾兰的故事。艾兰家，三姐妹三朵花，清一色的白果脸，清水眼，杨柳腰，又数艾兰个头出挑最漂亮。彼时，她们这一群人正值青春锦年，是鲜鲜嫩嫩的小姑娘。读了中学之后，贫穷的家庭再也供不起了，她们都辍了学，婆婆跟人学缝纫手艺，艾兰去城里的轧花厂上班。

在轧花厂里，漂亮姑娘艾兰像暗夜里的一只白炽灯泡，十分透亮。追求艾兰的男青年像奔亮而来的飞蛾，一只又一只，前赴后继。有一个外地来的青年，梳大背头，油光可鉴，苍蝇飞上去要像不善溜冰的人在溜冰场，摔个仰八叉。他的嘴像他的头一样油，会打趣，说笑话，到哪儿哪儿水花飞溅，惊起女孩们的笑声一片。这样的男青年，有人不喜欢，嫌他聒噪轻浮，水深不语，人稳不言。

可轧花厂里尽是些小姑娘，她们爱热闹的天性还没被世事和岁月磨灭。她们围着他，听他天南海北地胡侃，吹嘘自己的见多识广。这群从未走出小城的姑娘，对这位口若悬河的异乡青年竟然生起了爱慕之心。这群人里，艾兰是人尖儿，又漂亮又是工厂里的劳动模范。他每次说笑话，都用那双桃花眼盯住艾兰，盯狠了，艾兰心里就动了动，像风吹叶颤。

一日，艾兰下班后，他追过来，堵住艾兰，一把捉住艾兰的手臂，说："不要急着去宿舍，我要给你一样东西！"艾兰站定了，他就把自己手腕上一只"钟山表"急忙忙撸下来，又柔情蜜意地戴到艾兰如鲜藕般嫩白的手腕上。

艾兰嘴里推拒着，内心却甜蜜蜜的，也没用另一只手摘下这块表来。她以一个小姑娘的浅薄的精明计算着，一块"钟山表"值三十块钱，她们一个月的工资也就几块钱，这半年的工资才能买上一块"钟山表"。他如此舍得，对她一定是真心真意的。

漂亮的艾兰与异乡青年在厂子里成双入对地进进出出。厂子里对艾兰颇有好感的男青年，知道她有了主，都凉了心，冷了热情。不久，艾兰的身体就有了异样，她怀孕了。男青年只说回家见父母商量婚事，怕乘车误点，又把艾兰腕上的"钟山表"摘下自己戴上，此回是借他一戴，他一回来，"钟山表"还是艾兰的。艾兰没料着，这异乡男青年这一走，却如肉包子打狗再也没回来。可怜她一个未出嫁的姑娘，先有了身孕。

艾兰的肚子像吹了气的气球一日日鼓起来。轧花厂辞退了她，她回到小镇上。艾兰姐妹仨很小的时候，母亲就去世了，只有一个混沌的爹。等婆婆她们这帮小姐妹知道艾兰消息的时候，她已经嫁了二憨做老婆。

二憨不像平常人那样人情练达，他为人处世一根筋，所以，人们都叫他二憨。二憨一直没能娶上媳妇，艾兰嫁他，由不得所有人跌破眼镜似的说："唉，好一朵鲜花插在牛粪上！"花儿要是鲜美如初，也许是好盆好瓶地供养着。当花儿被虫咬后，快要颓败了，或许还是牛粪给营养，让她又活了下来。

婆婆说："简直不知道艾兰后来怎么变成了那副样子！"

我好奇地问："什么样子？"

那时候，到了20世纪70年代末80年代初，国家开始实行计划生育了，一对夫妇只能生一个孩子。艾兰先前肚子里生下的是一个女儿，谁都知道女儿是那个异乡青年的孩子。艾兰又怀孕了，镇上抓计划生育的干部找到二憨家对艾兰说:"国家政策,一对夫妇只能生一个孩子!"艾兰一张脸,红又不红,白又不白,理直气壮地说:"我这丫头不是二憨的种,我一定要再生一个!"后来,艾兰果然给二憨生了个男孩!她就这样带着两个同母异父的孩子,在众人面前招摇,遇上谁说个笑话,她笑得比谁都大声,简直能把树上的鸟都吓飞了……

我懂婆婆话里的意思了,艾兰怎么能说出那样没羞没臊的话,怎么能这样没心没肺地过日子?不过,我倒是喜欢艾兰这样不拿姿作态的生活态度,虽然她像一只泥罐子,被自己一不小心摔破了,众人眼中应该避嫌遮掩的破罐子,她也堂皇地摆出来,还用心在破罐子里种花栽果,好好对待,好好生活。

握着细节取暖的女人

　　她和他是大学同学，如果没有爱上他，她会在故乡繁华的小城，在父母的娇宠爱护里，结婚生子，幸福安稳地生活。爱情中的女子像开弓的箭，谁能阻挡她一意孤行的步伐？一路跟随去他的家乡，那个偏僻遥远的乡村，他的家只有孀居多年的母亲。

　　她说过多少的苦，都吃得下。她瓷白的手，一下子触摸到生活的样子，握一支粉笔和握另一支粉笔的他一起维持贫寒的家，婆婆的病、柴米油盐的日常开销、小女儿的奶粉和尿片……一串串爱情的赠品，以星火燎原的阵势漫延过来。

　　工作之余，他拼命熬夜赶稿，换得一张张稿费单补贴家用。而会一口流利英语的她，逢着假日就给小城里的英语班兼职。像两只忙碌不知疲倦的燕子，他们终于把"窝巢"从乡村搬到了城里。他们在小城里买下一幢独门独院的双层小楼房，他也因为才识过人一跃而成为单位最年轻的领导，日子风声水起了！

　　渐渐的，他变了。他回来得越来越晚了，有风言风语传出来，他迷上一个年轻妖娆的女子，一个绯闻漫天的女子，世人唇舌如刀，他怎么就跟那个每周一"哥"的女子搅糊上了？旁人看她的眼神中包含了复杂的情感，有怜惜、不值、同情……她曾水盈盈的杏仁眼里不再清澈，有迷茫滋生，眼角旁也攀爬上蛛丝般的皱纹，是因愁绪助长而出。

他还开始赌博。他振振有词地告诉她，那些权贵的人在牌桌上更容易结识。他已忘记情义，她的眼泪也不能阻挡他往偏僻但多姿的小道上奔走。

妹妹说："姐，离婚吧！"她说："其实他平时待我挺好的，知道心疼我，会把好菜挟到我碗里。寒冷冬夜里，他会为我掖被头。下雨天，一定给我送伞……"

她铭记着他对她好的一个个细节，像记着自己掌心里的那颗痣。

爱着掌心里毫无价值一颗痣的女子岂止她一个。才华卓绝的张爱玲，一碰上寡情的胡兰成，清风朗月般的她，就低到尘埃里了。在热恋间，胡给过她一点点钱，她做了一件皮袄，这在张爱玲心里一定是胡给过的温暖的细节，她欢天喜地地写下来"今年冬天我是第一次穿皮袄……"

陷落在爱情中的女子，总是愿意把他所有的不好都忍下去，即使心凉成一片海，还是会翻出生活里细枝末节来温暖自己，说服自己坚守这份自己当初认准的真情。

饮食与婚姻

　　单位里的80后余悦闪婚了，又闪离了。余悦婚姻的寿命仅仅只有三个月，据说使余悦婚姻早夭的原因相当简单，一个字，吃。余悦是江南水乡的一枚素淡妞，她老公滕鸣则是北方的威武小伙。这外貌上珠联璧合的一对，落实到吃上面，却真正南辕北辙。余悦嗜好清淡口味的装碟小菜，滕鸣则喜大碗大盆盛的红烧大肉块。初婚时两人还南菜北菜交替着吃，三五日一过，两人便谁也不肯迁就谁，我吃我的鲜甜素淡，你吃你的咸腥荤蒜，咱桥归桥，路归路，还是离吧！

　　余悦一离婚，单位里哗然一片。在围城里久住的，纷纷专家似的解读。总而言之，"吃"是表象，这离婚是另有本质。

　　同事邓姐说起她的老父老母，两位老人没有经历过浪漫的爱情，婚姻的缔结不过是父母之命，媒妁之言，而他们的牵手却是时光悠悠几十载。邓姐的父亲年轻的时候在砖窑厂上班，干的是卖力气挣钱养家的活，母亲在家照顾孩子，操劳家务。

　　母亲每年春天都去街市上买回鸡鸭鹅的雏，好谷好米喂养大它们，却不卖。父亲干了费力气的重活，母亲就杀鸡宰鸭，慰劳他。一只鸡或者鸭端上桌来，父亲会迅速从邓姐兄妹伸出的七八双筷子间捞起一大块搛放到母亲碗里。母亲又迅疾地把肉夹去她最小弟弟的碗里，一脸嫌弃地说：

"我才不要吃这个。"邓姐那会儿还是小孩子，却以为自己懂得母亲的心思，她是想省下来给儿女吃。

后来，邓姐兄妹几个长大了，都考上好的大学，有了工作后，家里条件好起来。常常杀鸡宰鸭，她母亲还是不吃鸡鸭鹅。老人这一辈子真不吃这些，她嫌动物肉有异味？成年后的邓姐，终于明白了母亲，却更感动于母亲这份对家人的深爱。

她一辈子不爱吃鸡鸭鹅，却年年养鸡养鸭养鹅，亲自煎炒炖煮，因为她的丈夫和孩子们喜欢吃。

邓姐记得，母亲还这样回忆过，自己做姑娘的时候不爱吃咸不爱吃辣，可是因为邓姐父亲是无辣不欢的。于是，母亲就把一桌的菜都做成味重的，到后来，母亲自己竟也能吃辣了。

单位里还有一位70后同事，唐茹。老公生了肝病后，家里的担子都落在了她身上，她一个人在外打拼，回去还要伺候老公那张嘴，偏偏那张嘴还刁，他只吃素食。她就一心一意把豆腐做成十八种花样，她和闺女爱吃的猪肚什么的从不上桌。看着她这样，有人替她委屈，她自己却是一脸幸福："他啊，身体好多了，药也不吃了。"

在真正的爱情里，饮食上的迁就和包容绝不是委屈，那是爱的一种形式，是要用婚姻将当初爱的誓言"执子之手，与子偕老"进行到底的。

在一起就是相配

我有一女友，体型微胖，平日里见人低头含胸，一副小媳妇样儿，她却嫁了一个高瘦身材、帅气阳光的老公。另一女友某日与我闲聊，言语中对此女友能嫁得美满，颇为愤愤不平。都是丑姑娘，凭什么别人嫁得帅气老公，而她却只能嫁矮小穷苦男？我在心里腹黑她被嫉妒蒙蔽了双眼，看不到老天的公平——能在一起的夫妻，都般配。

那位女友，虽说相貌不甚出众，但她父亲是小城赫赫有名的房地产开发商，她还是家里的独女。她老公走出来风度翩翩，却是出身贫困农家的凤凰男。他俩的婚房，女方出大头首付款，男方好容易才凑了个装潢钱。两人的工作又旗鼓相当，都是医生，性格又十分投合，所以，他们能携手走进婚姻。

其实，生活中常常会见到这样的状况，外人眼中并不般配的男女，却是相亲相爱的佳偶。

彼时，我未婚，常常去还是男友的老公家做客。我和男友手牵手在小区里散步，一位老奶奶挽在手里的女童引起我的注意，四五岁年纪的她，眉目如画，肌肤胜雪，黑葡萄样的眼珠滴溜溜转，真像年画上的中国娃娃。生活里想隐瞒的事儿，多半遮不住，不久，我就知道，那么美的中国娃娃是那户邻居抱养的。

那户人家，女主人怀不住孩子。男主人对抱养的娃娃娇宠得很，一到家就抱着她，在小区里散步。且别说，这父女俩长得还真像，男主人也是一副好相貌，不胖不瘦的身型，不高不矮的个头，腰杆白杨树般直，浓眉大眼，鼻直口方。又一次，我看到女主人牵着小女娃的手，女主人的模样则让我大跌眼镜，她留着男人样的短发、国字脸、龅牙，跟邻居们打起招呼来，粗声大嗓，毫无温柔可言。年轻的我在心里暗自感叹，世上竟有这样不般配的夫妻，怎么想这场婚姻中都是男人吃亏了呀！

等我嫁给男友，在那小区里过上一段长长的日子，与四邻相熟后，有人讲述那户人家的旧日往事。当年，女人中专毕业后，分配到银行里作了一名柜台职员，男人的修车摊恰巧摆在银行旁，他修车，其时正是自行车的盛世，街道上摩托车、轿车都仿佛天空中偶飞的鹰，只是寥落的一两辆。女人也是骑自行车上下班，车坏了，就推到男人这修理，这一来二去，三番两次的交往中，两人也说得来，就谈起了恋爱，也没费太大的周折就进入婚姻围城。女人开始也生了一个孩子，是男孩，可是未足一个月婴儿就夭折了。自此，女人就习惯性流产，一个孩子也没能保下来。

因为没有孩子，邻居们老想着他俩会不会离婚？但他俩吵归吵，闹归闹，就是不离婚。再后来，他们抱养了一个伶俐可爱的女娃娃，吵闹也渐渐少了，一家子又如往常和睦。

看外表觉得他们不该在一起的人，都像曾经的我，不知道能撑住他们在一起的那些内在。当年的她和他，她有一份好工作，他有俏皮哄女孩子的口舌和俊美的外貌，如今，她虽没怀上孩子，但工资高、保障好，他修自行车的生意却是日暮西山，也许更重要的是，当年的爱情已经衍变成撕扯不开的亲情，习惯的力量使他们再也不愿分开。不管怎样，他们在一起，就是相配。

是的，外表看上去多么不和谐的夫妻，其实都不必讶异和侧目而视，所有的在一起，都是相配，非但爱情、婚姻，甚至友情、职业亦这样，世间的在一起莫不是如此。

抓来却是满手污泥

年轻的时候，她生得美，瓷白肤，清水眼，素手蛮腰，又有技艺傍身，会跳袅娜的舞蹈，弹一手行云流水的钢琴。

她独自在异乡工作。如花朵般鲜艳的她，自是被无数蜂蝶围绕，她独独被一富阔的已婚男迷惑。是离了亲人的寂寞，还是已婚男精于体贴？她陷入了他的泥沼，甚至说劝解她的女友，被凡俗烟火浸染得全然不懂爱情。她的爱情是污泥里生得的一朵荷，清洁又粲然。

她孤意坚持着，以为会结出美满的果实。不料，满城风雨起。已婚男却是私心如海深，不过是贪恋她的青春貌美，抛她一人在风雨中，他早"躲进小楼成一统"，只说，她勾引他的，求得了妻子的谅解。在那个城里，她没有脸面再待下去，匆匆逃回自己的故乡。

尽管在情感的淤泥里打混过，依然青春娇嫩的她一回故乡小城，倾慕者如流。一个做广告设计的青年，每每夜晚在她家楼下徘徊，碰她出门，就故作偶然相遇，惊喜连连。可惜青年白费了心机，又黑又瘦的他只是一家广告公司的打工仔，她看不上他。

又一个银行里的柜台职员，天天殷勤着跑到她工作的地方，送花样早餐，豆浆、大饼、牛奶、蒸饺、蛋饺、烧卖，小城里数得出名字的早餐吃食，他都送过，坚持数月，只落得她同事讨了口福，她估摸着柜台小职员哪有大出息？理所当然谢绝他的爱。

她自己单位的一位同事也时不时对她嘘寒问暖，但凡她有细微的难处，他总是第一时间赶到她身边，他的意思她也只装不明白。她打心眼里觉得，他们都是微小的人物，配不上她。

在一次次的挑选比较中，她的年龄一日日大了起来，她如雨季的西瓜，眼看着要掉价了，这才匆忙抓一个医生来恋爱。他是外科医生，她想来想去，还是医生的职业有前景，配得上她的如花美貌。

结婚后，她的医生老公一露本性——恋赌。虽然他还没有嗜赌成性，但平常只要他的三朋四友，谁要轻描淡写地一约玩牌，他就要舍了其他，只愿纵横牌桌。做了他妻子的她，地位比起婚前恋爱期，一落千丈。

她生了孩子，孩子被公婆照料得妥帖，她人闲下来，心也空虚了。不知道是为了报复老公，还是她本来就是不愿忍受寂寞的女人，她再次隐秘地出轨了。此次出轨的结果，一如从前，她无所得，仅晃荡掉她仅剩的好年华。同龄的人们都铆足劲把日子往"好"字上过，她和老公却似乎往破罐子破摔上活！

转眼人到中年，她的青春美貌像清晨叶子上的露珠转瞬跌落，她也是个寻常的中年妇人，想离的婚牵牵扯扯中还在，老公没有换掉，孩子长到她肩膀高了，她的心也消停了。她还住在当初嫁的小小蜗居里。她时常慨叹那些当初不如她的女人，都换了大房子，买了车，夫妻和睦，家庭幸福，日子都过得花团锦簇。

当初她看不上的那些男子，做广告设计的打工仔自己开了广告公司，成了身家千万的董事长。银行里的柜台职员如今也是一家商业银行的行长了。追求她的同事，没有成为人物，但结婚十多年，没跟他的妻子吵过一次架，他把他的妻子一直捧在手心里。她总是遗憾地告诉人们，原本她可以过更好的日子。

是的，她有一份稳定的工作，又有绝佳的技艺，不论怎样，她都可以走一条清爽的路，但她总像在泥沼里捉泥鳅般乱抓幸福，没有一次抓到那条叫幸福的泥鳅，只是沾染了满手污泥。知道她前尘往事的人，一锤定音地说，其实她现在的人生就是她配得上的人生。

流年的飞沫

　　这一家搬过来许多年了。

　　起先是三口之家，年老的父亲、同样年老患着心脏病的母亲、抱养的女儿。女儿小小的个子，单眼皮，鼻梁有些塌，浅淡麦黄色的皮肤，到了适婚年龄。第二年，女儿结婚了，婚配了适龄男子，他是一名水电安装工，中等身材，浓眉大眼，面目憨厚，他父亲早逝，寡母无力支撑他成家，他便倒插门到女方家来，做了上门女婿。从女人的角度看，她赚着了，有了一个人品、相貌皆佳的丈夫，却不用去公婆家受一丝气。

　　婚后，哪个建筑工地有活他就赶赴哪里，像追赶花期的蜜蜂般勤劳，挣的钱一分不少交到她手里。她怀孕了，他索性让她辞去了纱厂女工的活，一心一意生孩子。一年后，他们的女儿出生，他像摘得了天上月亮般开心，走路带风，口里哼曲。别人不肯接的远门活，他接，别人不肯干的苦累活，他干。只为多挣上一些钱，让她和女儿过得更好一些。她日渐丰腴白嫩了，倒比做小姑娘时，摇曳生姿了些。

　　女儿长到四岁，送去幼儿园了。她每天脸上敷了一层白粉，涂了红通通的口红，衣是衣、裙是裙地梳妆打扮起来，出门溜达。猝不及防，她和女儿就失踪了。

　　世上没有不透风的墙，不久，就传出流言蜚语，版本无二，是她在网上认识了一个男人，男人的甜言蜜语让她不能自持，抛弃养父母，舍弃了这个和他生活了五年的家。

像她这样带着孩子投奔男网友的女人，多半会遇到骗子。其实，倒也不尽然。那网友只是比她的丈夫更穷的男子。那男人讨不上一个像样的女人做老婆，十分愿意和带着女儿的她一起生活。

两个月后，他终于寻找到她的踪迹，认认真真地去接她回家，她也二话不说，又带着女儿回家来。

有男人气愤地说，如果他要遇上这样的老婆，一准让她有多远滚多远。可是，人是多么复杂的动物，一千个人就有一千个哈姆雷特。他为什么还要去接她？也许在生活的疆场上再开辟一个新鲜的天地来，他已是没有五年前的力气了吧。也许旧生活里有一个女儿，是让他百般疼千般爱的骨肉，他不能忍受和女儿的分离。也许他与她还有一番情分……

她怎么好意思又回来了？只过上三五天的日子，她就明白过来，她并不喜欢那个网上男子，不过是因为他的甜言蜜语，给她平淡琐屑的生活带来一份新鲜感，而这新鲜感，一旦过上柴米油盐的日子，总会被生活淹没。

他和她一如往常过起了当初的日子，他在外挣钱，她在家操持家务，和邻居们和睦相处，有来有往。她把种的丝瓜、辣椒用小篮子装了，让又长大一些的女儿送到相邻的住户家，可爱的女童奶声奶气地叫唤着："阿姨，这是妈妈让送我给你家烧汤喝的！"邻家主妇们就乐呵呵地收下了瓜果菜蔬，又往天真快乐、不懂世事的儿童手里塞上满满一把的糖果，看她欢天喜地地出门，爸妈之间溅起的飞沫没有飘到她身上来。

她又怀孕了，她和他要生第二个孩子了。她溅起的飞沫在流年里，晃荡着，晃荡着，消失了。当然不是所有的飞沫都会平静地消失在时间里，有的甚至会从小沫飞溅翻卷回旋折腾出一个巨浪，打翻婚姻的小船。

生活中溅起的飞沫究竟后来会以什么样的姿态消失在流年里，谁说得清呢？

一"败"解千愁

年轻那会儿，他和她是单位里最般配的金童玉女，相貌上一个杨树般丰神俊朗，另一个柳树般婀娜多姿。家世上他的父亲是小镇油坊主，颇有积蓄；她的父亲是乡村教师，略通文墨。两家结成亲家之后，互通有无，互相填补了对方的空缺，变成了圆满。

世间的圆满，是心画的。心圆画得小，身边物足够填补，"圆"就满满当当。心圆画大了，手中拥有的总嫌不够，便起义去别地攻城略地，取得万千物装进"圆"里，以为"圆"撑得越大，心里就越美满。

其时，他早年离家的舅舅，在苏南城市干房地产开发，赚得盆满钵满。他羡慕舅舅富贵得流油，心圆变大了。小镇教师的生活，在他眼里仿佛一口枯井，既不能给他真金白银，也不能给他新鲜满足感。他停薪留职后，去投奔舅舅。聪明的他，先跟在舅舅身后学做生意，建筑行业正是随便撒张网，都能网到鱼的时代。他很快就挣到第一桶金，在苏南城市里，买了房，买了车，活得风生水起，意气风发。偶尔，他衣锦还乡，家乡的人看见他穿高档的皮子衣，梳油光水滑的大背头，满是成功人物的派头。

没过多久，他就嫌跟在舅舅身后，有人管东管西放不开手脚，他打定主意，自立门户去了。单独做生意的他，起初势头良好，他出手大方，性格豪爽，又有不少人知道他是某地产大鳄的外甥，不看僧面看佛面，都愿意把工程承包给他。他像一个气球很快就噗嗤噗嗤地鼓胀起来，轻飘飘地飞升，却不知道往哪个方向飞。他过起歌舞升平的日子，常常在迪吧、酒吧、歌厅里一掷千金，身边还有了年轻妖娆的女子。

留守在小镇的她，再也不能安之若素。家里人一致建议她也办理停薪留职，赶赴苏南，亦步亦趋跟在他身边。

亲临现场的她，似乎也不管什么用。野了的心是野了的马，他只管在灯红酒绿场里，肆无忌惮。她常常和他吵架，说过一辈子对她好的他，现在只给她一副淡漠不耐烦的神情，知道他们婚姻真相的人背地里总要说上一句："钱这个东西不是东西，能把人变成另一个人！"她为了儿子和家中的长辈们有完整的家忍耐着，没有跟他离婚。

突然就传来他生意失败的消息。听说，一下子亏欠了几百万元，不久，这消息就被验证为确凿无疑。他卖掉了苏南新买的房，新买的车，他爸妈匆忙卖掉了小镇的油坊，两位老人又去求告他的舅舅。舅舅到底不能眼睁睁地看着他被要债的围追堵截，给他还上了一百多万元，他这才把欠债的大窟窿填上。

一趟十多年的苏南淘金之旅，对他来说真像一场黄粱美梦。一无所有的他和她又回到了故乡的小镇，两人依然做起了小学教师，一如年轻的时候。二胎政策一开放，不惑之年的他和她率先在单位里公布要再生个孩子。不久，她的肚子就隆起来了。他对她又如当初，一日三餐，家里的打扫洗刷都是他，把她像个娇小姐般服侍着。

他们的第二个孩子出生了，是个女孩，小女孩像他也像她，雪白皮肤，双眼皮，黑葡萄样的眼珠，骨碌碌转。他一有空就抱着女儿来单位，他那像抱着珍宝般的模样，总逗得单位里的女人们忍俊不禁，她们常常要接过他手里的女孩，他却不愿，认真地回她们一句："政策允许了，你们自己回家生去！"他的头发都坍塌下来，乱蓬蓬地堆在头上，但脸上有笑容，神色是千帆过尽的平心静气。她穿得当然不如单位上其他的女人时尚，几年前的旧衣服也套在身上，但人却丰腴了，笑容堆在面庞上，看上去倒更年轻了。

他和她一起上班、下班、赴宴，形影不离，像当初恋爱那会。他们现在的模样，倒让人觉得生意失败是好事一桩，这一"败"倒解了他们的万千愁。

婚姻如穿衣

　　几年前，我学会了网上购物。我第一次网购的衣服是一件羽绒服。我在网店的宣传海报上看到它，简单的黑色，斜襟设计，下摆不对称，胸前有一朵小孩手掌样大小的五彩花作点缀，像相亲，我一眼相中它。下订单，盼收货，心心念念等着它翩翩而来，像在等待一份爱情。

　　我迫不及待地打开快递包裹，在镜子面前试穿，领子肥硕，跟脸不相称，腰带太短，让小蛮腰瞬间变成水桶腰，胸前的那朵五彩花又太俗气了……这件羽绒服已经在我的眼中"见光死"，我打算让它打道回府——七天无理由退货。老公绕着我转了一圈，认真地给意见："我觉得这件羽绒服很适合你，收下来穿穿。"被老公一劝阻，我改了主意，女人向来是多一件衣服不嫌多的！

　　我穿着它徜徉街市，人们的眼光齐刷刷看过来，回头率很高。大年三十的下午我穿着它挤在超市里买年货，一位姑娘从汹涌的人群中慢慢挤到我身边来，她冲我说："你的羽绒服真好看！"身旁的老公一脸得意地朝我笑。回家的路上，一个劲感谢老公，帮我留下一件美衣。老公跟个哲学家似的说："有时候穿衣也如婚姻，会有段磨合期，开始看不上的，不代表不适合你！"我连连点头赞同老公的高见，这件羽绒服试穿时，我还真不太喜欢。可是老公看出了它的素简黑色、宽阔的领、斜襟设计、一朵绣花……都符合我既循规蹈矩又有点不羁的性格。

一件衣服适不适合自己，有时，还真是当局者迷，旁观者清，这真的好比婚姻，我想起他来。

彼时，是九十年代初期，自由恋爱这回事像蒲公英的种子被大城市的风泼洒到小城镇来。他对父母之命，媒妁之言的姑娘一丁点儿瞧不上眼。他嫌那位穿布鞋、的确良褂子的姑娘实在太土气了，订婚前夕，他临阵脱逃，离家出走了。

他心中另有其人，他和厂子里那帮年轻的小伙都爱慕着厂里绘图的那位姑娘。那姑娘从大城市来，穿着紧身的踩脚裤、火红的风衣、黑色的高跟鞋，她的鞋子踩在砖头地上，叮叮作响。每当她清脆的鞋子声，像风铃一般在他们身边响过，他们就不由自主地晕头转向了，而城里姑娘似乎又常常把善睐的明眸，悄悄投向潇洒帅气的他。

但他经历过岁月风雨的父母知道，两位姑娘如衣服，一位是深府大院里的绸缎，一位是庄户人家的土布。哪样衣服真正适合他，他们在心里通透明了。对于他跟绘图员姑娘的爱情萌芽，他的父母视若无睹。他们该采办的订婚礼物，一样都没落下。后来是城里姑娘离开了他，还是他自己主动回了头？这其中细节，人们不得而知。

他最终是心甘情愿跟土布姑娘结了婚。

不久，厂子的效益差，倒闭了，他下了岗。失业的他在家唉声叹气，土布姑娘一点也不嫌弃他。她安慰他："一个大活人还挣不到饭吃？"他去学了泥瓦匠的手艺活，她与他形影不离，两人风里来雨里去，一起去建筑工地上做工，他做瓦工，她就给他拌水泥、递砖头。他们生了一个女儿和一个儿子。一家人过着贫穷却不离不弃的日子。他和土布姑娘是我的堂哥和堂嫂。

堂嫂孝敬公婆，对我们这些姐妹也好，我去远方念书的前夕，并不富有的她给我送来一双皮鞋，让我去城里穿得洋气些，不被人小瞧是小乡小镇的人。

　　我出门念书后，建筑业兴起，一直辛苦做活的堂哥和堂嫂发达起来，堂哥组建了一个工程队，堂嫂管财务和后勤，他们南征北战，赚得盆满钵满。如今，他俩都有了成功人世的派头，两个人走出来，一个大肚溜圆，一个珠圆玉润，看上去很有夫妻相，两人也真像衣服般相配，恰如西装配礼服般生动圆满。

夫妻多年

她在班上正忙得人仰马翻，又有电话打来，是远房的叔伯哥哥打来的电话，哥哥说，她妈妈摔了一跤之后，神志不清了。她赶紧抛下手中的一切事务，马不停蹄地往家赶。到家时，妈妈坐在庭院里的菜籽堆中，神情有些呆愣，她叫一声："妈妈！"妈妈没有像往常那样，露出意外的惊喜，兴致勃勃地回应她："我家丫头回来了！"她再唤："妈妈，妈妈！"妈妈就露出厌烦的脸色，呵斥她："你叫谁？"妈妈不看她，只看着天井里铺排的菜籽杆傻笑，嘴里一个劲地说："咦，它们睡觉了，睡觉了！"

她慌神了，抓起电话打给他。他也在上班，正忙着。她说："我妈摔傻了！"他说："先送医院去，我这走不开身呢！"她和远房哥哥连哄带劝把妈妈拖到医院，小镇的医生建议他们立刻去城里检查。她再给他打电话："要去城里检查！"他那边说："再等等，我这还有一点事！"她心里急了，怒气上涌，暗自嘀咕："到底不是你妈，你一点也不着急！"

好在十几分钟后，他赶来了，叫了一辆车。他告诉她，还回家取了钱，进医院肯定需要钱。她和他把妈妈搀扶上车后，车风驰电掣往城里的医院赶去。她心里对他积蓄的怨气，一下子消散了，他到底办事周全。

到了医院，她陪妈妈坐着，他跑前跑后忙着挂号，找医生。等妈妈坐在城里医生的对面时，她竟然清醒了，有问有答，甚是清晰。做过CT检查后，医生说，暂时看不出问题，需要住院观察，防止脑部出血慢没检查出来。她因为医生的吩咐，担心着妈妈的身体，整颗心都悬着，以致坐卧不安，食不下咽。

临到吃饭，她光瞪着碗里的白米饭却吃不下。过了一会儿，他殷勤地说："让我把碗上面风吹干的硬的那部分刮去，你吃下面绵软的米饭。"他又把冷的汤放到锅里热得滚烫，再端上来。他这么一番好意，她再不吃饭，倒显得相当不知道好歹。为了他的周到体贴，她吃了饭，空碗未及放下，他抢过碗来："我再给你添一碗粥。"她只好勉强着又喝了一碗粥。

几日观察下来，妈妈果然没事。倒是他，因为阴雨连绵的天气再加上忙碌，犯起了胃痉挛，疼痛排山倒海而来，他痛得像虾米般蜷起身子，疼痛停歇后，他又一如往常去上班。他在班上，她的电话打得勤快："衣服别脱，注意不要受凉！"他在电话那边颇不耐烦地说："知道了，知道了！"她却再也不像年轻时候，与他置气，第二日仍是打电话去叮嘱他，不要乱脱衣服。

她冒着大雨给他送雨披，到那儿也不要交到他手里，只放在门房那儿，嘱咐门卫大爷，他出来，一定让他穿上。再也不像年轻时送雨披只是为了一个"送"字，送到他手里，才算圆满。现在，不管仪式，只实实在在地为他的身体考虑。

夫妻多年，互相之间，有嗔有喜，有抱怨有疼惜，像一杯泡久的茶，不再热气腾腾，却更暖心贴肺，像穿旧的衣服，不再鲜亮如初，却更舒适自在了。

PART D

恩爱
两不疑

我陪着她高兴，

心里也真正佩服起这位中年大姐，

她真是懂得婚姻。

在婚姻里，

常常需要包容对方的坏脾气，

心甘情愿地退让一大步，

这退一步，

却原来是迈向幸福的大智慧。

——《退一步，迈向幸福》

爱情标点

在肯德基，她独坐喝着可乐，人满为患的餐厅里，他领着小女孩走过来，请求拼桌，她一直是以善良当饭吃的，毫不犹豫同意了。眼角的余光不经意扫过去，帅气而儒雅的他，不停地给小女孩拆鸡肉、递奶茶，又用纸巾细致抹去小女孩唇边上的奶茶残迹。她在心里默默感念了一下，有爱的爸爸，情深的父女。

此后，双休日空闲的她帮嫂子送孩子去围棋班学习，在那里又遇见他。是他先开口打的招呼，一来二去，竟成熟人。他温文尔雅地夸她是个好姑姑，她冒失地问："怎么都没看见孩子的妈妈？"他稍稍犹豫了一下，告诉她，他离了婚。

她跟他前妻是不一样的女人，他前妻是火样热情骄傲的女人，她却如水娴静温柔善良。他开始只当她是一个肯倾听他苦痛的朋友。她见到了他前妻的照片，一个漂亮女人，身材高挑修长，清丽的鹅蛋脸。他和前妻当初是众人眼中的金童玉女，一马平川地恋爱结婚，日子美满得要溢出来，果然就溢出来了，他们俩生了一个不健康的女儿，孩子患上了这辈子都没法根治的慢性病。前妻爱玩、爱热闹，孩子的病困得她像只笼子里的兽，在一日日的焦急和无望里前妻提出离婚。从此，他和女儿相依为命。

友情慢慢变了初时的模样，她心甘情愿跳进他的城池里，做了一个病孩的后妈。不久，她生了一个健康可爱的男孩，他当她是手心里的宝。

他的前妻因为女儿提出见面的时候，他和她相携而去。当他风情万种的前妻款款落座，她礼貌而周到地打招呼："你好！"前妻却恍如未闻，仿佛她只是空气。再一日，他在书房上网，她进去给他送咖啡。她分明看见他慌乱地关掉了QQ的对话框，那一刹那，她的心似乎到了北冰洋，冷极了。难道，自己的一片真心和信任像落花付诸流水。她再也控制不住自己，在他上班的时候，她悄悄地上线他的QQ。和他对话的果然是他的前妻，那个女人马不停蹄地恋爱，然后失恋，一直也没能找到比他更好的男人，所以怀着悔意对他说，当初她不该放掉自己的幸福。

等他下班的时候，她平静地告诉他，她看了他的QQ。他揉揉她的头，一如既往安慰她："小脑袋瓜里，不要多想，好好休养自己的身体。"他不知道怎么对她解释，对前妻他虽然早已没有爱恋和责任，但还有一种男人对曾经爱过的女人的担当，没有做到全然弃之不顾，虽然剪不断，但不是她想的"理还乱"。打个比方，若说他是句子，前妻只是逗号。

她晚上闹着不肯吃药的时候，他第一次震天吼地发了脾气，逼着她把药喝了。生了孩子后，她就患上了风湿病，试了不少西药都不见效。听人说，中药的疗效好，是他亲自开了车去那僻静的山区寻回药方和药材，素日里药也是他用瓦罐一剂一剂地熬出来，他其实也是想用行动告诉她，她才是他的完美句号。

大一号的戒指

于青扬没想到董大军会当着那么多人搡她一下，且把她一屁股搡在地上。于青扬从地上爬起来，头也不回地往回走，到家一把拔下手上的戒指，摔在梳妆台上。戒指滴溜溜地蹦到地上去，于青扬也不管它，上去踩了一脚，好像踩着的是董大军。

于青扬是有点欧洲风格的美女，眼睛大而深陷，光洁的额头，石膏白的肌肤，神色清冷，略有些忧愁，看在人眼里又有西施捧心的那点东方病态美。未婚时追求她的人不少，在众多追求者中，于青扬选了董大军。董虽貌不惊人，却有个炙手可热的好职业——外科医生。最重要的是他对于青扬说过非你不娶的誓言，痴情地耍过"程门立雪"的桥段。于青扬的母亲高瞻远瞩地说："你身体不好，挑个医生是上策。"于青扬点了点头，嫁人要嫁深爱你的人。

于是他们去挑戒指。董大军热火朝天地要店员拿了这枚"同心结"，再拿那枚"心相印"，比试斟酌。最后一枚梅花状的戒指戴到于青扬手上。这梅花做工精致，栩栩如生，于青扬一上手，便喜爱上了。店员巧舌如簧："店里只剩两枚了，下一批货不知道什么时候能到。"两人一对眼，当机立断买下这枚梅花戒指。

到家后，于青扬才发现这梅花戒指似乎大了一号，套在食指上还可以滑动，又去店里调换，但那最后一枚戒指也被人买走了。店员歉意地说，等下一批货到通知他们调换。

店员打来电话时，于青扬对这戒指已经有感情了，心里想："大就大点吧，谁知道刚到的货有没有手上的好呢？以后找时间再去把圈调小点就行了。"这就好像青扬对董大军的感情，开始淡淡的，后来竟然也走入了婚姻。

但婚后，于青扬大惊失色，董大军再也不把她放在心尖上，他常常有各种忙碌应酬。她委屈发牢骚，他就嘿嘿一笑，拍胸脯保证："下次一定准时回家！"然后他依然故我。这一次，于青扬打听到董大军去了某个KTV。她冲进去，摔掉两个玻璃酒杯。董大军当着那么多人的面，一上来就揉她……这就是开头的情景。

于青扬收拾了衣服回娘家。爸爸又出去遛鸟闲逛了，妈妈一个人在家做饭。妈妈朝她一打量就明白了："和小董吵架了？"于青扬哼了一声跑进自己的卧室睡觉去了。

妈妈去拉她吃饭的时候，一眼发现她的戒指没了！妈妈大吃一惊，连声责问。于青扬不耐烦地说："反正大那么一点点，扔了，不想要了！"一向温和慈爱的妈妈生气了："你以为婚姻是小孩子过家家，想要就要，想不要就不要？"

妈妈竖起自己的手，于青扬看到妈妈手上那枚细细的黄金戒指，黄中泛白的戒指上面套了一圈红绒线。妈妈把红绒线慢慢扯下来，于青扬发现那枚戒指在妈妈手上晃荡荡，大了好多。

于青扬的爸爸年轻时喜欢上一个水性女人，这戒指本来是买给她的。可是刚刚买上不久，这女人就看上另一个能给她买项链的男人。跟爸爸一起青梅竹马长大的妈妈虽说知道这枚戒指的来历，但还是义无反顾地套上了这枚戒指。手巧的她，在戒指上绑上一圈厚实的红绒线就刚刚好。这戒指一戴就这么些年。于青扬恍然记起，年幼时爸爸爱对妈妈吹胡子瞪眼睛，原来他喜欢的人不是妈妈。

　　话说到这儿，于青扬的爸爸回来了，他一连叫着于青扬妈妈的名字："英，英……"妈妈顽皮地竖起一根手指头在嘴边，朝于青扬做个不出声的动作。于青扬立刻明白了妈妈的意思，她出去开门，跟爸爸说："不知道妈妈去哪里了？"爸爸急吼吼地说："一定是上远处码头洗衣服去了，那桶沉，我得去帮她拎。"于青扬哈哈大笑起来，妈妈从房间里走出来，什么也没说，去厨房给父女俩盛饭。

　　董大军来接她回去的时候，于青扬去开门，出乎意料地没给他甩脸子。于青扬在两位老人明了一切的目光里，又戴上了董大军握在手心里的那枚梅花戒指。

爱自有天意

　　表姐是典型的扬州美女，秀丽的鹅蛋脸，黑晶一样亮闪闪的眼睛，身姿纤秀若杨柳般袅娜。我妈常当着我的面夸她："你表姐就是小画上的人儿！"表姐来我家做客，我妈领着她去逛街市。一路上我妈要收获无数艳羡的眼光，夸赞的言语："这姑娘长得真体面，是哪家的？"我妈就乐滋滋地告诉别人："外甥女！"

　　街头拐角处，开着一间超市，超市规模不小，有六个寻常百货店那么大。我妈是这家超市熟门熟路的客，老板夫妇看见我妈和表姐，亮出招揽顾客的招牌笑容，又热情地抓着我妈好一通东扯西拉，眼睛却不住地往我表姐身上左扫右瞧。

　　我妈再单独逛个超市，超市老板夫妻俩就殷勤备至。与我妈一番热情寒暄之后，话头一转，提及我表姐。他们问我表姐的年龄、职业。表姐是花开正好的青春锦年，她虽是一个玻璃厂的女工，但心思灵秀，黯淡无光的原玻璃材料，在她手里会变成栩栩如生的动物和娇艳的花朵。他们倒不上心我表姐精湛的玻璃技艺，只是在我妈面前一个劲夸她生得好。

　　我妈和表姐又一次逛超市的时候，开超市的夫妻俩立刻闻风而动，从楼上叫出一个年轻男子，那是超市老板的儿子，他的一双眼一直停留在我表姐身上。

超市老板一路打听到我家，跟我妈提起想要表姐做他儿媳妇。我妈评价，男孩子模样是帅气，只是人品不知道怎么样。但送上门的缘分，我妈的意思不便推拒，等表姐再来时，由她自己定夺。

　　我妈把超市老板的许诺，一五一十地告诉了表姐。表姐要是愿意这门婚事，就不用再做玻璃手艺了，以往在高温的灯头上煅烧玻璃，在烈火旁炙烤的日子，就一去不复返了。嫁过来，整个超市全是他们小夫妻俩的，她可以安心做老板娘。

　　表姐对我妈转述来的一番话，并不舒眉展眼，喜笑颜开。我妈细问后，才知她的内心已住上别人。她的心上人与她在同一个玻璃厂上班，是厂里的玻璃技师，表姐的玻璃技艺是他亲自传授的，两人日久生情。不过，两相一比，超市老板的儿子相貌帅气，能说会道，玻璃技师的模样憨厚朴实。家世上，一家是生意之家，家底殷实。另一家，据表姐讲，父母皆农民，母亲还患着严重的风湿性关节炎，常年要吃药养病。即便我妈这样经过婚姻悠悠几十载的人，心里也暗暗觉得表姐要是会享福，当然选超市老板的儿子。不过，婚姻之事，谁也作不了本人的主。

　　表姐似乎没有犹豫过，不久就欢天喜地地嫁给了玻璃技师。只是，我妈偶尔看见超市老板的漂亮儿媳，抱着膀子悠闲晃荡，为表姐有些可惜。

　　不过，我妈惋惜过表姐的福薄之后，不久，就用一句俗语："人没有前后眼"感叹她自己的浅薄，赞叹起表姐的幸运来。

　　超市老板的妻子，出了一场严重的车祸，那个精明能干的女人在车祸中丢了双腿，她只能坐在轮椅上度日。超市老板大改了性情和脾气，变得暴躁无理。他很快就有了外心，家里坐轮椅的女人内外受气，再也不能苟延残喘地活下去，她死了。他很快娶了另一个女人进门。他的儿子是那种富养的纨绔子弟，这一场变故，倒让他破罐破摔，分外迷恋起赌博，美貌的妻子终于不堪忍受跟他离了婚，这个家完完全全破败了。

表姐嫁给表姐夫后，依然过着从前辛苦的日子，在高温的玻璃厂里两个人汗流浃背地挣钱。不过，表姐从没抱怨过日子苦，被憨厚的表姐夫一直捧在手心里的她，依然像朵初绽枝头的花，新鲜娇艳。经时历月之后，表姐夫的玻璃技艺已经出神入化，什么样的玻璃料子到他手里，都可以变换成你想要的东西，他成了那行当里首屈一指的名匠，年薪一涨再涨。他们在城里买上了房子，公婆待表姐也好，跟亲生闺女似的。

简直不敢去想，当初，表姐要是握住金钱，现在的日子会是什么样？还是种爱的因，才有可能结爱的果，爱自有天意，爱只会对慧眼识她的人，抓她不放的人，回报万般深情。

炉上煮冰的爱情往事

　　据说她们是老媒人了。她们一次总要介绍几个外地妹子嫁过来。媒人们巧舌如簧："这些外地妹子都是贫困山区里的，她们嫁到这儿要求也不高，给她们的爹娘千儿万把的彩礼钱就成了！"有些心眼直的大妈，追着媒人问："钱给她爹妈了，那她走不走？"媒人们人情练达地说："这个，这个，我们不敢打包票，人心换人心，就看你们家对人家姑娘好不好？锅不热，饼不靠。你们要一片真心，人家也一准死心塌地过日子……"

　　她就是这帮外地妹子中的一个。他其实根本没想要再次结婚。他的前妻嫌弃他只是厂里的穷技术员，跟一个有钱人私奔了。当地的姑娘谁肯嫁给他这个没钱的二婚男人？他妈实在不忍心见他一个人冷清孤单地过日子，便自作主张为他娶亲。

　　媒人让他们见面，她长得像青葱似的水灵灵，他戴一副眼镜，文质彬彬，有儒雅的书生气。她对媒人点了头，在她点头的瞬间，他心头也有一丝喜悦的涟漪泛起，只是曾经狂涛巨浪般的幸福感，随着前妻的出走再也没有在他生命中出现过。

　　他妈暗想："要是他是第一次结婚，她是当地的姑娘，那得多招人羡慕！"

　　一切按他妈的主意行进着。没有铺张宴请，只是贴了红"囍"字，缝了新被子，放了爆竹，就算两人成婚了。婚后的日子，他一如往常去厂里上班，她住在他的宿舍里，照料两人的饮食起居。一日，他把厂里的设计图纸带回来做，上面的英文她竟然也认识一二。她温婉地告诉他，不过因为家贫，才没能继续读书，在学校里曾是优秀的好学生。这么多年过去了，一看到学过的英文单词竟然全部记得。他像捡到宝般高兴。到月底他领来工资，三千五百块，一分不少地交到她手里。她笑着推拒，只拿几张，说是生活费够了，他坚决塞她手里。他怀疑她听懂了他妈嘱咐他的话。他妈说："你跟她，我瞧出你们是性子相投的人，但感情再好，钱也不要落她手里，她一个外地人走了，你到哪儿找她去？千万不要落得人财两空。"

他心里有自己的一把尺。她烧出来的菜，都是家乡的辣口味。他总是端起来碗大快朵颐，有时被辣椒味呛得直咳，却不停嘴，一边大口喝着水，一边吃着夸赞她做的菜好吃。他妈来看他，桌上的辣子鸡、水煮鱼里面的尖头椒，一个摞一个，他和她正吃得满头擦汗。他妈大吃一惊，他打小就不吃辣的。他妈拉过他又好一通嘱咐，他听了，朝他妈一个劲点头。他妈悬着一颗心，离开了他的宿舍。

他心里不怪他妈着急上火，跟她一起嫁过来的小姐妹，有几个带着一笔钱回娘家，就再也没回来。还有几个待在此地的，婆家正防贼一样防着她们。他还是每月按时把钱交到她手里，短短两年，她手里就攒下几万块钱。他从不过问她这笔钱的动向。直到有一天，她捧着钱跟他商量，是不是搬出这厂里的员工宿舍，买一套属于他们自己的房？他知道她坚冰一样的心融化了，他心上又涌出第一次结婚时，暴风骤雨般的幸福感！

后来，就是现在这副模样，他和她是我的邻居。我们在一个小区里住，他们有一个可爱的儿子，是幸福美满的一家，她早已改了乡音，和我们说着相同的吴侬软语。相处日久，感情渐深，才知道他和她之间还有那样一段炉上煮冰的爱情往事！

时光会把对的人留到最后

十多年前，我初认识她，我是她的新同事。

一日，路过茶水间，我看到她和她最要好的同事兼闺密在悄声而谈。泪从她脸上无声地滑落，她抑制住自己，哽咽着说："我真想杀了他……"我匆匆逃离她诉说秘密的现场，心里却石破天惊，疑窦重重。他是谁？如风悄悄掀开窗帘，时光慢慢把她日子里的烦恼告诉我。他是她老公。据说，他在外面有了新的女人，知道状况后的她，整个人纷乱如麻，这日子啊，剪不断理还乱。

在最初的时光里，两人的相恋和婚姻是人们眼中的旗鼓相当，珠联璧合。他身材高大，相貌英俊，是小城一家小型企业的技术骨干。她长得不美，可是仪态端庄，人又能干，尤胖在家世，她的哥哥是小城身价过亿的房地产开发商，姐夫是小城最大企业的老总，她真是有坚实得不能再坚实的后盾。

她未出嫁时是两个成功男人娇宠的小妹妹，她也许并不知道她养成了霸道的性格。她把这份霸道也带到婚姻里，她和老公全然不像别人家，男主外女主内。她是家里家外说了算的那个人。婚后，他就跳槽去了她姐夫的企业，当然是她要求的。作为自家人，姐夫分外为她的小家谋福利，外派他去山东办事处，外派员工的薪水是在家的双倍。他的薪水都是由她代领，他只是拿到一些基本的生活费。他是没有钱，但老天给了他一副上好的皮囊，再加上幽默开朗的性格，听闻，他在山东有了女人。

她得了肝囊肿，弄不好会丢了性命。她的哥哥、姐姐一马当先冲在前面。哥哥去省城最好的医院，请了最好的专家大夫为她做了手术。在哥哥、姐姐为她奔忙的期间，他只是没头苍蝇似的，跟在他们后面乱转。她以为他会趁着她病得朝不保夕，跟外面的女人双宿双飞，他却一步没有离开生重病的她，她心里起了一丝暖意，但那点暖只能消融她心中的冰山一角罢了。

到底命大，手术成功，她很快健康起来，对哥哥、姐姐越发亲热，她自己在家前屋后种了蔬菜，每周的休息日，她都要从菜园里采摘新鲜的蔬菜，送去哥哥、姐姐家，让他们吃上没有农药的绿色蔬菜。

对他，她还是冷冷的，只把他当自己的挣钱机器，有了他，她每年可以从姐夫的企业取得一大笔薪水，她把这些钱都存下了。后来，她用这笔钱买了三套房，小城两套，省城一套，都给孩子留着。他们的孩子考去省城最好的大学读书了。

有一次，我去她家串门。恰逢他又要出门了，他像个孩子一样，要求她送他去车站，她声色俱厉塞他一句："自己不会走，我还得三请四拜去送你？"他当着我的面，调皮地咂咂舌头，继而灰头土脸地扛起自己的背包出门去。我突然明白，她和他之所以会成为怨偶，也许不是因为传闻中的"小三"，只是两人不在一个频道上，他是那种讲究生活小情趣的男人，而她是个实在是无趣的女人。

人生如戏，你永远不知道老天下一幕安排的剧目是什么？她一直引以为傲的哥哥，她曾这样讲述过哥哥家花团锦簇的日子，儿媳生孩子期间，一口气请了四个月嫂，白天两个，晚上两个，听得我们一干人啧啧咂舌。可是，荣华富贵转眼如浮云散，作为小城最富有的房地产商，她的哥哥突然之间破了产，成了穷光蛋。城门失火，殃及池鱼，她曾把三套房子都抵押给了银行，做了贷款交给哥哥做周转资金，她也变成了一无所有的人。不久，我就看见她极具消瘦的身形和整日红肿的眼睛。

作为相交多年的同事，我去安慰她。她让我不要担心，这日子能挨下去，她说："幸亏有他在！"他是她的老公，那个她年轻时候曾想杀掉的人，如今真的成了她可依靠的肩膀。这段日子，他一刻也不离开她，陪着她，看着她，生怕她做出什么想不开的事来。他郑重其事地对她说："钱没了，你再垮了，人财两空，这日子才真没法过了，我不过才五十岁，最少还可以干上十年，十年一定能给你挣回一套房。"在他言之凿凿的安慰和支撑下，她如死灰般的心又活了过来。

她凄惶中又欣慰地告诉我，没有他，这次她一定熬不过去。不经伤心事，不知道人心。过了差不多一辈子，时光才告诉她，她以为的错不是错，时光把对的人一直留到了最后。

她的厨房，他的会场

他是先生的朋友。记得几年前，先生第一次带我去认识他。他大步流星走上来，帮我开了车门，我看见的他，成熟儒雅，风度翩翩。他四十出头的年纪，是一个事业单位的头，手下有二百多个员工。我们仨在他的接待室里相谈甚欢，临分别前，他一直说："你们有时间来家里坐坐！空闲了一定要去我家里玩玩！"我把这当成他场面上热情又客套的话。

我爱写点小文章，有时自觉不自觉地挖掘身边一切可能有故事人的故事。等跟他熟悉到熟稔的地步，我就开始持"熟"而无忌惮，问他："身边会不会有张爱玲《色戒》里王佳芝那样的女孩子，在你眼前晃荡？或是逢场作戏或是真心真意？"他笑了："晃荡也没有用！"他又加上一句："什么时候来家里做客？"

我和先生终于被他邀请到家里去了。他的妻子围着白底粉蓝碎花的田园风的围裙，从厨房里欢乐地招呼我们，仿佛初次见面的我们，是她久未见面的亲友。她，圆脸盘，双眼皮，一双星眸。女人一经岁月最难留住的也许不是白肤乌发，而是眼底的星光，难得四十多岁的她，眼睛里那么亮。她又生得不高不矮，不胖不瘦，整个人有恰到好处的端丽的美！

餐厅阔大，摆一张可以容纳十五个人就座的牛奶白圆桌，白色桌面撒零星的碎花图案，花型花色应和女主人的围裙。桌子上已经摆上了好几道菜，因为是寒冷的冬夜，菜细心地用食品保鲜膜包着，我能看清保鲜膜上附满了蒸腾的水汽。菜终于摆满了桌，红烧狮子头、虎皮酱凤爪、水煮牛肉、冰糖花生猪脚、开胃酸菜鱼、白汤羊肉、香菇冬笋……家有婆婆，至今未真正下过一次厨房的我，看到这一桌子的菜真正叹为观止。

做好这桌菜的女主人把厨房里稍稍收拾后，便赶在开席前，大大方方入席来。她不像有的主妇小媳妇似的不肯上桌来，待在厨房里一直窸窸窣窣地忙碌，让餐厅里吃饭的人内心里总要生一种愧疚感，吃着吃着，想起厨房里的主妇，便大声叫唤主妇同吃，主妇却是拗劲似的不来，餐桌上的人觥筹交错间就怀着一丝歉意，总不能尽兴。她不这样，她先端起酒杯，爽朗地笑着敬桌上的人们，还说着动听的俏皮话，于是，桌上的气氛更热闹融融，开心之至。我看见他倒不像平时那样健谈，只是微笑着默默看着她，一脸的疼爱和满足。

等我知道，她绝不是简单的家庭主妇，她是另一家事业单位的部门主管，手下也有一百来个员工。我不由得从众又真心地赞美她："你就是时下流行的，出得厅堂，下得厨房的精英女人！"她哈哈大笑起来。我还是惊讶一个职业女性，如何练就这一手好厨艺？她娓娓道来。

彼时，他和她都很年轻，他只是单位里一个颇努力又有进取心的员工。领导们却把他的努力和能力看在眼里了。年轻的他被临危受命，一个最艰难的单位交到他手里来。他走马上任，怎么可能是外人想象中的春风得意马蹄疾？那个单位，处处是绊马缰绳的主，权势人家的亲戚被安排在这里，又有无数倚老卖老的老员工。多少次，他都想跟领导请辞，她在一旁安慰他，既然已经"上马"，不如就好好走马跑疆！他领着肯做事的一帮员工，扎扎实实做起事来。他们晚上常常加班，加班一迟，小城市里的酒馆饭馆早早歇业了，他就给她打电话，说他们肚子饿了！她就从热气腾腾的被窝里爬出来，给他们做几个菜，烫一点温热的酒。她总是让一群加班加点的人们酒足饭饱后，再回家。

　　时日一久，她的厨艺便精进了。他也精进了，他说开会，会场上再也不会像前任那样，出现张三不来李四也没到的涣散现象，他的会场，座无虚席。再后来，他换了更大的会场，她的厨房一直在，没有停歇过。

　　他从客厅里的沙发上站起来，兴致勃勃地招呼我和先生参观她的厨房。厨房里上上下下砌了许多的柜子，他掀开东墙上第一个柜子，里面装满大大小小的玻璃瓶，瓶子里是红豆、绿豆、薏米、玉米、乌米……近些年，他总是参加各种会议和应酬，理所当然的"三高"了。她说，杂粮于他的身体有益。他又打开西墙上第二个柜子，塞满调料品，牛肉酱、芝麻酱、鲜虾酱、自家做的豆豉酱……她说，他无"酱"不欢。还有冰箱，他也献宝似的，打开让我们看，柜子里装满各色的饺子，有芹菜猪肉饺子、韭菜鸡蛋饺子、玉米鸡肉饺子，都是他爱吃的。他说，每日她总是早早起来给他榨上一杯新鲜的蔬菜汁，搭配着各式他喜欢的点心。相比外面一切堂皇的酒楼、饭店，他只喜欢她的厨房。

下一站幸福

　　他在大城市里一家公司做技术员，能一针见血指出企划案不可践行之处，却不会谈恋爱，看见女孩子就面红耳赤说不上话来。眼看着父母青丝渐成霜染模样，孝顺的他打定主意，结婚成家让父母少操心。

　　是在家乡的小城里，相亲认识的她，第一眼，他觉得她长得烟视媚行，水性了些，似乎不是自己内心想要的那一个人，但她能说会道，懂得他的心思。末了，他还是对她点了头，娶了她。

　　婚后，她不愿工作，开始闲散着享受生活。女儿出生后不久，她嫌一个人在家带孩子累。他心疼她，不顾公司老总的极力挽留，把工作辞了，回到家乡的小城，重新找了工作，空暇的时间就和她一起照应女儿。小城公司的效益阴晴不定，他的薪水也是时多时少，不像以前那样盈盈足足。

　　她说想做服装生意，补贴家用。他把积蓄倾囊拿出，给她置办了店面、货物、人手……自做生意后，她打扮得时尚、新潮。有男子，常常往她小店跑，她似乎也变得不愿回家，托口生意忙住在店里。他一而再，再而三来接她的时候，她就毫不留情地数落他三十大几的人了，还是一个小小的技术员，挣来的钱太少太少……就这样，离婚像一场战争，她势如破竹，他溃不成军，性格内向的他甚至哀声请求她看在女儿的份上回到家中，然而她决绝地离开了。

她走后，他和女儿两人过起相依为命的日子。那一日，他带着女儿赶公交车，上车后满满一车的人，一个座位都没有。靠窗的女人，朝他莞尔一笑，让他把孩子放在她的腿上。心疼女儿受累，他满心同意。女人似乎不是本地人，用蹩脚的普通话跟孩子聊天，难得孩子竟跟她说得很起劲。后来，他得知女人也是在下一站下车。更有缘的是，女人要去走的亲戚——她的姨姐，竟然是他的邻居。他俩就此认识了。女人有个好听的名字，叫芸。熟悉后得知芸是个离异女人，前夫自从成了有钱的暴发户后，就起了外心，与年轻妖娆的女子纠缠在一起，抛弃了她。他和她同是天涯沦落人。

　　两人经过一段时日的相处后，顺风顺水地走进婚姻里。他一如既往有责任心、好脾气，而芸也是温柔体贴、无微不至地照顾他，让他专心搞研究。他原本就是才华横溢的人，得到芸在背后的支撑鼓励，用很短的时间发明了一项国家专利，公司的老总这才慧眼识珠，发现他是个人才，为了留住他，给他升职又加薪。他们成了小城里的富裕一族。

　　不久，家里添了新成员，他和芸的儿子出生了，日子真如旭日冉冉。谈起他们来，也有人跟在后面为他们感慨，人生原来会这样柳暗花明，下一站就是幸福！

女人是一个家的"风水"

　　我有一位表舅，他与我妈是表姊妹。表舅算得小城里的头面人物，他是一家单位的掌权者，又自办了一个机械阀门厂，厂子的效益甚好，表舅气势足腰包鼓，逢迎者众多。表舅妈是医生，医术精湛，常常被人请去出诊，他们的日子过得真是鲜花着锦，烈火烹油。我家是表舅的穷亲戚，素日来往不多。

　　有阵子农村人流行转户口，就像现在流行买车买房。妈妈觍着脸上门去请求表舅，请他帮我弟转户口。以表舅的身份和地位，这事儿不算难办，但好办不代表就会帮忙。我妈觍着脸，去找了表舅两三回，他都光点头，不表态。倒是表舅妈，每次都在帮妈妈说话，最后一次只听舅妈说："你能出力，就给姐姐出份力，姐姐也不容易……"表舅却瞪起眼睛，冲表舅妈吼："你懂什么？"看两人四只眼呈"斗鸡眼"状，就要吵起架来，妈妈便不敢再说什么，灰溜溜地出了表舅家门，自此我弟户口的事儿不了了之。

　　我结婚的时候，宾客中未见表舅的身影，不知道是妈妈忘记邀约，还是我家有过邀请，只是表舅未给面子。

　　我婆婆家恰巧靠近表舅的机械厂，偶尔我也能看见表舅的身影，他双手背后，迈着四平八稳的外八字步，一副成功人士的派头，我被妈妈的苦难往事"洗脑"，看见表舅，也只当不识。

时日一久，就有流言蜚语传入我耳中，人们说，机械厂旁有个卖日常用品的超市，超市里的老板娘是表舅外面的女人。

那女人身材高挑，但生就一副单眼皮，脸上还有星星点点的雀斑，长相逊我表舅妈不少。表舅妈也是高个儿，一张满月似的圆脸盘，粉面团似的白皮肤，是同龄女人中少有的好皮肤，待人处事也善良周到。可是，由不得我不信，流言愈演愈烈，表舅妈上门找这个女人吵架了。

两个女人之间有一场硝烟弥漫的战争，最终，却是表舅妈惨败。表舅妈虽然能说会道，却不是这个做生意女人的对手。患有高血压的表舅妈与那个女人吵架的时候，表舅也不在场，想必，在场也未必会帮她。吵架途中，表舅妈的血压陡然升高，瘫倒在地，被围观的人匆匆送到医院后，被诊断为中风，再也不能站起来，余生都要在轮椅上度过。

常听人说女人家，女人是家，表舅妈一倒下，这个家的"风水"就败了。家里的经济一落千丈，别看表舅人前风光，他挣的钱都喂养了他的那些不良嗜好了，平日都靠表舅妈支撑。

紧跟着女儿的未婚夫退了亲，女儿为了面子，为了离开这没有爱的家，闪电般地嫁给了一个她不爱的人，过起了鸡飞狗跳的日子。

很快，表舅从他本来的位置上被换下来。他机械厂的效益也不行了，一日一日地破败下去，终于厂房关闭，厂房的玻璃窗上爬满了灰尘和蜘蛛网。表舅常常一个人来这厂房晃荡，步子沉重滞怠。

有一次，在饭桌上，婆婆对我说："机械厂关门倒闭了，厂长倒时不时来看看，今天，厂长跟我说：'亲家奶奶，我跟你家亲家母是表姊妹！'婆婆回答说：'哎呀呀，家里坐坐，我眼生，不识亲戚倒不好意思了。'"我郑重告诉婆婆："他的确是我的表舅，只是素日没有往来！"婆婆说："他往日风光无限，现在不走运了，这条路倒是他自己选的……"

不说甜言蜜语

第一次见到丽姿的老公，是我和丽姿临时加晚班，他来接她。他中等个头，瘦削身材，是我们小城的公务员。

他到时，我和丽姿还在窸窸窣窣地写个不停。丽姿顺口让他帮忙补抄一份材料，跟捅了马蜂窝似的，他炸开了："你支使人倒不费劲，你早干什么去了？就我命苦，才找了你这么个笨蛋！"

他这番数落，听得一旁的我面红耳赤，物伤其类的羞耻感泛起，暗暗想："我要不要劝他？"可是，瞧丽姿那神态，也就嘴上清风明月地回一句："你算了吧！"我也就默不作声，只做隐形人。

第二次见到丽姿老公，是我和丽姿一起去参加专业考试。丽姿的妈妈生病了，她的孩子没人带，丽姿和她老公一直是周末夫妻，孩子也是丽姿妈妈在带。丽姿和他约好，考场前见面，她把孩子交给他。我老公开车送我们，她老公果然在约定的地方等着。

他很客气地向我老公打了招呼，并说了感谢的话，可抱着孩子转过身就对丽姿变了面孔："你上了考场要好好考，你这个笨蛋，平时就马马虎虎、粗心大意，我还不知道你嘛……"

丽姿挽起我的手臂，冲进考场，把他那气急败坏又啰唆的叮嘱扔在身后。

晚上，我把丽姿老公的一通话转述给老公，我发狠："受不了，这人要碰着我一准离婚！"我老公不做分析辩解，聪明地就坡下驴："你以为男人都像我这样好吗？"我在老公那断定："这人要总是这样待丽姿，总有一天她会受不了他的冷言冷语，拍案而起，去离婚的！"

第三次和丽姿老公相见，是在我们去市驾考中心考驾照的前夕，他把一千块的考试费送过来，用一如往常的语气冲丽姿说："你这笨蛋就是花钱的祖宗，你要好好考，考不过，回来……"

他一走，我忍无可忍地问丽姿："他说你笨蛋，他自己会开车吗？"丽姿笑嘻嘻地说："他哪有时间去学？他们局里各种材料都要他整理，整天忙得昏天暗地……"

丽姿这副口口声声维护他的态度，气得我直翻白眼，我露出一副恨铁不成钢的神情。丽姿与我同一个办公室四年，平日相处颇情深义重，我这副不待见她老公的模样，惹得她赶紧从头解释："他就是嘴坏，人心不坏！"

丽姿说，当初她爸并不同意她嫁给他，但她喜欢他。婚后，丽姿一直住在娘家，婆家她住不惯，很少去，他也不强求丽姿，只等丽姿放假的日子偶尔回婆家团聚。他没有任何不良嗜好，不喝酒、不抽烟、不赌钱，自然也从不"拈花惹草"。他把丽姿和自己的工资都存起来，打算在城市中心最好的地段买房。他从小家贫，父亲是土里刨食的农民，母亲是长年的药罐子，他的工作、职位都是自己一路挣来的，所以在钱财上特别精打细算，从另一面来说，他算是特别会过日子的男人。

不久，丽姿告诉我，他升了职，又真的在城市里最好的地段买了新房，装修什么的全不用丽姿操心。现在他们有了自己的家，她再也不用去婆家，也不用赖在娘家，日子是越过越舒心了！

今年的暑期培训，我和丽姿一起去找她老公，他一见面又抱怨丽姿瞎买衣服、乱花钱，反正他的嘴从没饶过丽姿。不过，这次丽姿跟他对掐，掐着掐着他俩都乐哈哈地笑了。我站在一旁看着孩子样吵嘴掐架的两人，突然觉得，这婚姻的生命力并不比那些用甜言蜜语腌制的婚姻弱。

月牙黄的梳子

　　一只梳子，月牙黄色，阔齿阔柄，似乎是用薄脆材质的塑料制成。这只普通的梳子像粗手大脚的普通女人，一点也不起眼。梳子静静地躺在超市的货架上等着谁把它带走。一个女人迈着急匆匆的步伐来超市，她一眼就看到了月牙黄的梳子，一把抓了它去付账，没有丝毫犹豫。月牙黄的梳子暗暗憧憬着自己的归宿，女人一定有装着硕大明亮玻璃镜的木梳妆台，这样，它每天可以从镜子里看到自己优雅地在女人头上跳舞。然而出乎梳子所料的是，它去的地方不是女人家，而是医院，并被女人随手揣在一个红色的塑料方便袋里。

　　女人的老公生病住院了，她在医院陪护他。她忘记从家里带来日常所用的梳子，所以才买了它。梳子感觉女人并不爱它，女人每天看都不看它一眼，随手抓起它往头上梳两下，然后胡乱扎了个乱七八糟的马尾。她的手指可没有心情陪着梳子在头顶上跳舞。梳子觉得自己委屈极了，但丝毫没有办法。女人的老公手术后，时常疼得直哼哼，时不时冲着女人发脾气，梳子为这两人揪心，它顾不上自己的命运了，它一会儿觉得女人不容易，过一阵子又觉得男人不容易。

　　愁眉苦脸的女人终于在脸上现出笑容来，像数日的阴天之后出现太阳，天放晴了。女人的老公病愈要出院了。梳子自然也跟着开心，想着自己再也不用憋屈地待在一只红色的塑料袋里，梳子就觉得幸福极了。女人在兴高采烈地收拾东西，她扔掉不少瓶瓶罐罐，一只塑料小椅子送给了邻床病友，一只塑料盆扔进了垃圾桶，梳子被女人留下来了。

女人回家后，竟然像这只月牙黄梳子期待的那样，把它摆在了硕大明亮的玻璃镜子前面。月牙黄梳子看到，她还有太阳红和玫瑰红色的两把梳子，但她现在都看不到它们似的，只让月牙黄的梳子顺着她柔滑密长的青丝起舞，这真是月牙黄梳子最幸福的时刻。它在女人头上帮助头发跳不同的舞蹈，女人的头发有时扎成一个麻花辫子，有时扎成神气的高马尾，有时又是时尚的丸子头，女人变得比在医院里漂亮多了，她的脸上阳光整片、整片的。

一个清晨，女人拿起月牙黄的梳子梳头，月牙黄梳子知道自己即将跳上一支华丽的舞。就在此时，不知道是女人手滑还是月牙黄的梳子太兴奋，刹那间，它从女人手里跌落下去，跌到光滑的坚硬的水泥地板上，梳子最上端的一根阔齿与伙伴们分了家。月牙黄的梳子感觉，小命休也！果然女人惊叫了出来，她正在睡梦中的老公被吵醒，连连问她怎么了？她回答："这把梳子，好用得很，却一不小心被我弄坏了！在医院附近才能买到，我们这里怕是还买不到。"女人的小女儿听到妈妈的叫声，也赶过来看。女人着急上班去，吩咐七岁的小女儿把断梳给收拾一下扔到垃圾桶里去。

第二日，女人一早又坐在梳妆台前准备梳头，惊讶地发现断梳，又完好地出现在梳妆台上。月牙黄的梳子得意洋洋地看着女主人惊诧的脸，默然不语，因为它觉得自己有责任保守秘密。可是女人的小女儿小嘴藏不住话，就把这个秘密告诉了她。原来，女人上班后，老公就阻止了女儿扔掉断梳，他对女儿说："妈妈喜欢的梳子，不能扔！"在家休养的老公，有的是时间，他把这把月牙黄的断梳，握在手里用砂轮细细慢慢地打磨，几个小时后，月牙黄的梳子断裂的切口就变得光滑如初。梳子又变成了一把好梳子。月牙黄的梳子正在暗自感慨，虽然遭遇疼痛，但我现在又好又幸福！

女人更喜爱这断裂过然而又完美的梳子了。

岁月荒寒，唯有爱可慰藉

彼时，他长得高大帅气，又有一份旁人可羡的职业——医生。喜欢他的女孩颇多，他最终选了当地颇负盛名的秦百万的女儿作女友，女孩个头娇小玲珑，做着稳定的教师职业，家世堪称小城翘楚，她又喜欢他。生活的美好画卷就这样向他铺陈开来，他们顺理成章结了婚，生了一个聪明伶俐的女儿，一家三口走到哪儿，都仿佛晴天丽日的风景。

"好景不长"是谁从生活中提炼出来的？他和妻子果然不睦起来，她怀疑他出轨。她的怀疑像风雨欲来、阴云笼罩的天空，压得他喘不过气来。尽管他解释、保证、发誓，认认真真来了个"三部曲"，她还是不信，她终于冲进他所在的医院，揪住一个他的女同事，叫骂起来，那女护士在个头体型上，都远远超过她，几个巴掌甩上了她的脸，说她冤枉人。他的脸也挂不住了，回家之后，他就撕破从前生活的美好画卷，与她分居了。

他想起，未婚时，一位好友欲言又止的意见。好友曾说，他的女朋友模样、职业、家世都好，唯有性格太内向了些……他当时只觉得她有与众不同的气质。

离开家的日子，他心疼她们娘俩，也回过家。她明面上接受他，却不准他睡他们结婚的床，也绝不给他盛一碗饭吃，总之，她一点体贴和柔情也不给他。他和她就这样从风清日丽走到山寒水冷，终于领了离婚证，彻底分道扬镳，成了陌生人。

离家的他，开始放纵自己，结识一个又一个女子，成心地招蜂引蝶、破罐破摔，他过了很长一段流浪生活。然而，人像海里的浪流一样，总归要停息的，他再婚了。

他再婚的女人，真的是医院里的人。不过，却不是他的前妻当初怀疑的对象——能干美貌的女护士。他的现任妻子是医院里做保洁员的大姐。保洁大姐比他还大上几岁。

保洁大姐的老公在她三十多岁的年纪，就患上脑癌去世了。她一个人承包了这所医院的打扫工作，负责所有科室的擦洗清洁，她用这份工资拉扯大女儿，直到女儿大学毕业后留在南方城市工作。

医院里的医生、病人无不夸赞这位保洁大姐，她干起工作，丁是丁卯是卯，医生们工作的诊室里，墙壁地板都被她擦得能照见人影。病人们居住的病房，也被她收拾得像家里一样温馨整洁。要是碰到哪个病人呕吐，她看见了，一点也不嫌弃，立刻去打扫……

保洁大姐四十多岁，干着最脏最累的活，但她穿着洋气时尚，长及臀部的线衫，外罩一件酒红色马甲，瘦腿牛仔裤，唯脚上套了一双雨鞋，那是因为她要去砌在低处的水池反复冲洗拖把。她的眼睛周围已经爬上少许皱纹，但眼里是波澜不惊的平静，脸上总是挂着淡淡的笑容，似乎她从来没有被生活亏待过。

他喝醉酒了，倒在医院宿舍外面的冷地上，是晚归的保洁大姐把他叫醒，扶进宿舍里，并帮他做上一碗热气腾腾的汤饭。一次，两次，后来，就出乎人们的意料，他追求起保洁大姐来。

他的前妻一直没有再婚，似乎还在等着他。所有当初不看好他和保洁大姐婚姻的人，都跌破眼镜了，他和她在一起已经生活了五个年头，而且没有要分开的任何迹象。

　　病人们常常看见，他来接晚上迟归的保洁大姐一起回家。在他们越走越荒寒的岁月里，职业、年龄又算得了什么呢？唯有那点温暖的爱可以慰藉他们。

虽无一村，柳暗又花明

    木心在《木心回忆录》里说自己的生平："我爱兵法，完全没有用武之地。人生，我家破人亡，断子绝孙。爱情上，柳暗花明，却无一村。说来说去，全靠艺术活下来。"看到此处，我赫然心惊。惊的当然是木心的这一生，生活的磨难如陡峻的山逼压过来，他却若海，有纳百川的淡静，又有绵绵不止的生命力。一惊之后，心上波涛汹涌，在我生命中来来去去的人都浮泛于脑海，我认真琢磨着有没有人曾"柳暗花明，却无一村"？

    堂嫂就这样不由分说冒上我的心头。

    堂哥是我远房大伯家的儿子。彼时，堂哥是青春少年，星眉朗目，身形俊逸。他谋得一份政府里的工作，小城里愿与他恋爱婚配的姑娘众多。大伯母本着肥水不流外人田的古老观念，愿意堂哥娶她的姨侄女，大伯母的姨侄女也的确貌美如花，与堂哥在外貌上很般配。堂哥却是不愿走"贾宝玉、薛宝钗"之姻缘路，他很快就把堂嫂带到父母面前，她显然没有"薛宝钗"生得美，"薛宝钗"是柳叶眉，银盘粉白脸，她丝瓜样的长条脸，个头也高大，比堂哥还高出一些，但不知为什么，堂哥就是爱她。天下姻缘不看父母心看男人心，堂哥如愿娶得堂嫂，不久就生了一个白胖小子，过着美满的日子。

    市场经济的浪潮很快席卷小城，作为一个政府临时聘用的职员，堂哥在小城里颇有脸面和地位，但收入不高。他为了让老婆孩子过上更好的日子，辞去政府小职员的工作，去学了驾驶员，做了跑长途的大巴司机。司机的活又苦又累，但比没有编制的政府小职员挣的多得多。堂哥干了几年的司机后，就买上了一辆属于自己的大巴车，他又雇了一名驾驶员，不用那么辛苦了。他承包的线路是特别赚钱的路段，又过了几年，堂哥有了两辆大巴车，成了青年中先富起来的人。谁也没料着，就连大伯和大伯母也没料到，堂哥和堂嫂结婚后，会把日子过得如此柳暗花明，风生水起。

每个人头上都顶一片天，谁知道哪天是什么脾气呢？堂哥堂嫂头上的天，本是晴朗艳阳天，可它说变脸就变脸，乌云滚滚，风雨欲来。堂哥的身体出了问题，开始是整日昏沉沉地瞌睡，后来发展到脑子像被扔了手榴弹似的，炸开了疼。等堂嫂带着不堪忍受的堂哥去医院，医院的诊断也真仿佛在堂嫂心里扔下一颗手榴弹，使她心肺俱裂，堂哥患上了脑癌。后来是漫长又黑暗的求医路。我看见英俊潇洒的堂哥被剃了光头，堂嫂时常扶着他在路上锻炼。再后来，堂哥就不能出门了，头上包了厚重的白纱布，他动了手术，手术也无回天之力，堂哥在他三十八岁那年，留下挚爱的妻儿离开了这人世间，他的孩子刚刚十一岁，堂嫂哭得失了声，人们都流下了泪，那么爱堂嫂的堂哥最终抛下了她，让她无法再依靠了。

那段日子，家族里的大人们聚在一起除了惋惜堂哥的英年早逝，更多会揣测说，堂嫂也许在大伯家待不长了吧！

堂哥去世后，堂嫂所在的幼儿园，政府有政策，可以私人承包。堂嫂打起精神到处借钱，大伯和大伯母思虑再三把养老的那笔钱拿出来交给了她，堂嫂成功承包到了小城最大的幼儿园。失去丈夫的堂嫂一门心思扑在幼儿园上，她和她的合伙人建新校舍、功能活动室，又添各种新的儿童运动器械，这所幼儿园很快成了最吸引家长的幼儿园，堂嫂的幼儿园又通过了市里的验收，成了星级幼儿园。她们提高了办学质量，也提高了收费标准，她们成了小城里收入可观的女子。孩子被堂嫂送去城里最好的学校读书，她自己没有再嫁，许多以为她会改嫁的人们跌破了眼镜。

现如今，女子未必要"贞烈"着，为已经离去的人守贞守节，但如果"天地不仁，以万物为刍狗"，毫不怜惜夺去的是一辈子的挚爱，从此活着的人心里无波无澜，不能为后来人动情。那么，我还是喜欢和敬佩堂嫂这样的人，虽无一村，却柳暗花明的好好活着。

退一步，迈向幸福

老公身体小恙，住了院。在医院遇到他和她，一对中年夫妻。是他生了病，急性胰腺炎，在重症监护室一住些许天，现在的他又活蹦乱跳了，就被转到普通病房，和我们住一间。

不多久我们两家就熟悉了。他从事运输业，平日开着大吨位重型卡车，走南闯北。有一拨拨年轻或者年龄相当的男人来看他，他们都尊称他，胖哥，叫她，嫂子。他们在，他谈笑风生，间隙里调遣她倒茶、买汽水、切水果……最后他总是郑重嘱咐那帮弟兄："有啥事，告诉你胖哥！"要不就是："你怕什么，有你胖哥呢！"

他们来一坐就是个把钟头，把医院弄得像人声鼎沸的菜市场。小城医院，没什么规矩，所以也没人管。他也从不着急撵他们离开。我和老公只好对看一眼，心照不宣地蹙眉忍受住这喧闹，但我也在心里赞叹，他待人真豪爽热情。只是他的同行们一走，他转过身就跟她发脾气，嫌她招待不周，她呢，真跟小媳妇似的，默不作声，由着他数落。

他被医院禁食有十天了，这十天靠吊盐水补充身体所需。现在他有了精神劲儿，就把医生的嘱咐当作耳边风。他要抽烟，她时时刻刻地看着他，不让抽。趁着她中午打盹的一小会儿，他悄悄走到走廊上，掏出一百块给陌生人，让人帮着买了一包烟，偷偷地躲在角落里抽起来。她找到他的时候，他丝毫不难为情，神气活现地冲她吼："住医院像坐牢，抽两支烟又怎么了？"

晚饭，她给他买来白粥、腌酱黄瓜。他闹腾："不吃，买老鸭汤来就喝上一大碗！"她跟他讲道理，说他正是因为平日的大吃大喝、暴饮暴食才引发胰腺炎，住院受罪。医生嘱咐了只能喝清淡白粥，他不听，把她伸过来要扶他的手甩开。她不生气，哄孩子一样允诺他，等他完全康复了，进了家门，要吃什么给吃什么。

又一天，中午吃饭时分，一层楼上只有一名值班护士，要换盐水的病人又太多，动作麻利的护士也忙得应接不暇。他摁完呼叫铃声几分钟后，不见护士来，他急了，旋风一样拎了正吊着的盐水袋，抢出门去找护士理论。她拦不住他，只能一溜小跑跟在他后面。他对着皮肤白嫩的年轻护士，好一阵雷霆万钧地吼。那位年轻的姑娘，委屈得眼泪扑簌簌地落，待他转身回病房，她连忙给护士赔礼道歉。城门失火，殃及池鱼，他余怒未消地连她一顿收拾，把她的行李摔在地上，撵她回家去，他用不着她照料。她当然没走。

我和她一起去公共水池洗衣服的时候，对她说："大姐，你脾气真好！要是我老公这么对我，我一定受不了，会跟他针尖对麦芒地吵！"她淡然一笑："我呀，是知道他那个脾气，他生气的时候，我就退一步，等他那顿脾气过去了，再给他讲道理，他也是知道自己错了的。"

又过了两日，他的身体越发健康了。那天，一大早，我从旁边的看护椅上醒来，看到她还在另一只椅子上睡觉，但旁边的小桌上搁了粥、酱瓜、装了长面卷的塑料袋子。他不在床上，估计出门呼吸早晨的新鲜空气去了。不多久，她醒来，高兴地走过来告诉我："妹子，他今天早上给我买早饭了，粥、酱瓜、面卷都是他买来的，面卷是我最喜欢吃的。"我替她高兴，心里也真正佩服起这位中年大姐，她真是懂得婚姻。在婚姻里，常常需要包容对方的坏脾气，心甘情愿地退让一大步，这退一步，却原来是迈向幸福的大智慧。

嫁给穷小子的女神

前同事庆贺乔迁，我应邀出席。遇见前单位的女神，向来对美女青睐有加的我，万分欣喜。女神也不拿腔作调，见到久未相逢的我亦是心花怒放，她立刻调换了餐桌位，坐到我身边来。我近距离打量起女神，岁月真是厚待她，我离开前单位已有十年，她还是我记忆中的模样，一头绸缎般的乌发扎成简单端庄的马尾，眼神明亮得如一泓清水，健康红润的脸庞上一笑就旋起一个小巧可爱的酒窝。哪里能看出她是一个儿子上了高二的中年妇人？

人们所过的日子都写在脸上。我可以想象女神现在的生活，必是幸福美满。我俩交谈起来，前尘往事和今时今日的故事都翻涌而出。

她年轻的时候，身材、相貌、品格无不出众，真是"桃之夭夭，灼灼其华"。小城里未婚的男青年，纷至沓来地追求她，银行职员、外科医生、政府公务员、财大气粗的生意人……人们都在揣测这朵鲜嫩的花会栽到哪家院子里去赏心悦目？

出乎所有人的意料，她恋爱的对象是一位穷小子。穷小子相貌不输她，长得亦是星眉朗目，身形俊逸。不过，他是一位农民，养螃蟹为生，可以说毫无存款。后来，他和她结婚了，他们是裸婚。别的姑娘，拥有的首饰、房子她都没有。当年的我很是诧异，老天竟会如此配对？

再一听说，穷小子和她是同学，当年的他在学校里可是学霸，在那个中专最难考的年代里，他考取的是省城最著名的中等技术学校，在学校里就被用人单位签约了，他在省城有了一份足以立足的工作。他为什么辞去了省城的工作，回到故乡小城，做了一介农夫？人们一致传说他是为了爱情，为了在故乡小城的她才回来的。

那么，她之所以拒绝那些穷追不舍的爱慕者，原来是对爱情的坚守。她是我眼中品格高洁的姑娘，但我私下又为他们可惜，暗自揣想如果他一直留在省城，她亦能接受才貌职位相当的男子，他和她都会过得更好吧！

时至今日，女神坐在我身边，我问候起她的他，她兴致勃勃地给我讲述他这一路的奋斗历程，从省城回来后，养了几年的螃蟹，都碰上了坏年头，发洪水蟹池被淹，培育好的螃蟹苗猝不及防生了病，水产养殖品的价格突然走低……三番两次的失败后，他明白自己没有做农民成为农场主的命，他主动拾起自己的老本行，去小城里的一家小厂子担任会计。做会计之余的空闲里，他恢复了"学霸"本色，决定通过自学考试考取全国注册会计师，头脑聪明的他很快就拿到了证书，又被一家大型企业聘用，薪水一下子提升了好多倍。

酷爱学习的他，在学习的路上尝到甜滋味，又埋头苦学考取了"注册税务师"，如今的他是那家大型企业的"朝中重臣"，老板的得力助手。他的所得当然也盈盈足足，他们换了房，买了车。

他待她，一如当年。多年的习惯了，家里的一日三餐都是他回来烧，她只负责洗涮。婆婆来他们这居住，他会对晚饭后忙着准备收拾碗筷的她说："你放下，让我妈洗！我们去附近的公园里散步！"身体健康、手脚伶俐的婆婆听到儿子的一声令下，连忙夺过她手里的碗。对家里一老一小的两个女人，他这样郑重其事地说："我们也不是不孝顺，她上班也挺累的，洗洗碗这种轻巧活，完全可以让我妈干！"婆婆对邻居说："我媳妇被我儿子像个宝捧在手心里。"她的儿子，那个高三少年也常常说他爸爸宠她不像话，宠得她不像一个女人，饭不会做，衣不会洗……

我忍不住问起当年的事："他是为你从省城回来的？"她说："这倒不是，是他回来之后，我们才谈起了恋爱！"我这才觉得她所有的幸福都是她应当得到的。

平凡陪伴，最安心

与文友们相聚，其中一位文友刚刚斩获国内文学大奖，他的心情有些激动，如风吹后的河流，涟漪四起。他一改平日谨慎寡言的风格，天马行空地泛泛而谈，从文学创作说到他的妻子："我最不满意她的是，竟然从来不知道看报、读书！"

好在，他只是嘴上抱怨两句，并不是真心嫌弃她烟火泼辣的妻子。他父亲早逝，家里兄弟众多，初时，妻子不嫌弃他家贫，看上他的人品才华，他不嫌弃妻子不懂诗词歌赋，看上她相貌清秀又能干，两人缔结了姻缘。

婚后，他的妻子独当一面去做生意，她卖成人服饰，进货、卖货、盘账都是一个人，再加上一家老小的吃喝拉撒也是她操持，腾出时间让他去搞文学创作，这样的女人过日子是把好手，想从她身上找出些文艺的调调，就勉为其难了。

日子过久了我们就会发现，当初，在我们眼里熠熠生辉、自带光芒的人，其实一不小心就泯然于众人了，有的甚至还能数落出一箩筐的缺点，婚姻的幸福由人们持有的心态决定。

我的老公，初识他时，长相帅气的他在我眼里耀眼得像太阳。我们做了男女朋友后，一次，我在梦中梦见他离我而去，我一下子心神俱乱，在心急如焚中我醒了过来，发现原来只是一场梦，其时，心情可比大热天喝下一碗冰镇绿豆汤更舒畅。

我们一入婚姻十多年，当初身边境遇差不多的女友，有人的老公做了单位的领导，她们成了颇有气派的官太太；还有人的老公做生意赚得盆满钵满，她们穿金戴银，开豪车，住别墅。我和老公依然在最初的单位里做着普通的教师。他在中学，我在小学。我们成了最平凡的两个人。

我们的日子是这样的，他每日早早起床，去上早读课，但总是小心地起床，怕弄醒睡眠浅的我。他下班第一件事是问婆婆，我回来没有。

我不爱吃水果，他却坚持让我吃苹果，有人说一日一个苹果，远离医生。每日中午，他亦比我早上班，午休起床后，我就会发现餐桌上，有半个切开的苹果。他深知我的性格，从小家贫养成勤俭节约的性格，他料定我看到这半个苹果，会作如是想："这苹果不吃，马上就坏了！我要吃掉！"他每日洗一个苹果，他吃了半个，再给我留半个在餐桌上。

他买了两只牙刷，我和他的。他的牙刷还完好无恙，我每日刷牙，跟干仗似的，用力过猛，牙刷毛就东倒西歪成颓兵残将的样子。他看见，在我耳边呢哝："马上给你换一只牙刷。"晚上我去漱洗间，就发现牙刷果然换掉了。想他下午也跟我一样风风火火去上班了，赶紧问："你什么时候帮我买的牙刷？"他若无其事地说："买个牙刷又不是什么难事，稍微拐下路就可以了！"

他每日必为我做的，还有给电脑前噼里啪啦写字的我，倒上一杯蜂蜜水。每天我喝着甜甜的蜂蜜水，心里总有微微的喜悦泛起。我得承认，我的理科生老公，从不与我谈论文学，也不看我写的文字，他也没有让我过上大富大贵的日子，但他平凡的陪伴让我感觉到更安心和幸福。

PART E

君心
似我心

我们虽已不再年轻，

曾经轻灵如荷叶上露珠的心

在烟火凡俗里日渐琐碎沉重，

但我们都做过一场爱情传奇里的主角，

所以看着黑压压逼上来的

青春年少们和他们摇曳缤纷的爱情，

我们能如此不慌不忙、心平气和地活下去。

——《每一场爱情都是传奇》

婚姻中的距离

　　时光回到十年前，那会儿他和我视自由如粪土，彼此追着"我的眼里只有你"的誓言，豪情满怀地冲进婚姻围城。婚姻开头的一小段时光里，我们一起上下班。他有一辆车，是摩托车。他用摩托车载着我，一直送到单位门口，下班时间也一定来接，起风送衣，下雨送伞。其时是21世纪初，单位里未婚的女孩子都耻于跟男人提房提车提物质，我和他这样的恩爱引她们羡慕得眼珠子要掉下来。他的饭局，一桌12个大男人，只有他带着老婆，我有些不好意思，他倒是坦坦然然地坐着。他的同事打不通他的电话，就打我的。我和他即便天天在一起，晚上躺在床上聊天依然可以聊到深夜两点不睡觉。他一出差，就没完没了地为中国移动作贡献，给我的电话和短信无数。到家的第一件事，是叫我的名字。那段时光，我们两个人像身体和影子，不分离。不知道从什么时候开始，他离我有一点远了。是有了女儿后的那次饭局？他的哥儿们说："谁也不准带老婆孩子！"他就撇下我独自赴宴，我当然不会跟他吵闹着要去，那是小女孩的把戏。我心里明白，爱情淡了，亲情浓了。此时的我们更像一辆单车的两个车轮，前轮是他马不停蹄地走他的路，我这后轮在他不远的地方也且行且进就好，两个车轮偏要严丝合缝地挨在一起反而会出现故障，婚姻将无法进行。

他谈生意、健身、交友。我也找一些悦心的事情做起来，我看书、写博、交文学上的友。如果不是一家三口一起出门，现在的我们很少出双入对，然而，我们那么远却又这么近。女儿三岁的时候，我父亲去世，我觉得天都塌了，他郑重地对我说："你还有我呢！"他依然是我最可停泊的港湾。

将来，我和他又会是什么样的距离？谁能说得清呢？生活中倒是有些婚姻的样板，让我们有例可循，像他年逾古稀的姑父和姑母，姑父在一次交通事故中伤了腿，现在姑母就是他的腿，但凡亲戚家的红白喜事，姑母来参加，姑父一个也不落下。她怕他孤单冷清，就带着他挽着他扶着他，推着他的轮椅，一起出席。或者像我的外祖父和外祖母，他们耄耋之年，一个81岁，一个80岁。外祖父来我们家，一宿都不肯待，他说："你炸的这些肉丸子，得趁新鲜带回去给你外婆尝去，她一辈子也没吃过这么好的肉丸……"

越来越觉得，婚姻中两人的距离要让我打个比方的话，好似做菜。是文火慢炖，是大火爆炒，还是小火、大火穿插进行，这全看各位做菜人拿捏的功夫和食客的喜好脾气，只要做成美味佳肴怎样都好！

女人如水，嗲是涟漪

　　我表哥已过而立之年，眼瞅着大踏步往不惑之年走了。他却老是在婚姻围城外作悠然散步状。通家亲戚为他的婚事忧心如焚，远亲近邻都客串了一把红娘、月老。他仍老僧入定，岿然不动。姑妈满头青丝渐成霜染模样，看了真让人忧伤，我气得朝他河东狮吼："环肥燕瘦各样的姑娘，你也见了不少，到底要找个什么样的媳妇？"他气定神闲地说："你这样的不行，不嗲！"表哥这一句简直如针，刺得愤怒如气球样的我，立刻瘪了下来。

　　若"嗲"是一门功课，出生农民家庭，是正宗"柴火妞"的我就是从未领到课本的那一个。我雷厉风行地恶补上"嗲"这一课。生活教材还真多，来自中国台湾的大美女林志玲把嗲发挥到极致，堪称数万男人的梦中情人。记者高娓娓在她的新浪博客上讲了这样一个故事：一位女朋友和中国台湾的男士结婚后，感触颇多。她台湾婆婆，大概快60岁了，在事业上很成功，管理一个3000多人的政府机构。一天在家里给先生炒鸡蛋时，被烧焦的油烫了，马上撒娇："爸爸（台湾妻子有很多习惯跟着孩子叫先生爸爸），你看，起了一个泡泡，好疼哦！"

　　老先生马上过去，很心疼，赶紧拿起夫人的手，轻轻地吹，叫孩子们拿烫伤药来。

那个女朋友说，要是我们这里这个年龄的女性，上面这一幕的台词八九不离十会是这样的："死老头，你看嘛，就是帮你炒鸡蛋才烫到的，疼死了！还愣在那里干吗呢，还不快点给我拿烫伤药来！"

我头点得小鸡啄米似的表示赞同，要是我们小区的张大爷老夫妻俩早唇枪舌剑地吵起来，张大爷："让你不炒蛋你自己偏要炒？怨得了谁？"张大妈："你这人真是狼心狗肺，狗咬吕洞宾不识好人心……"

在虔心学"嗲"后，学以致用那是当然的。我第一个嗲的对象当然是老公，结婚数年后，因为老公晚归，我俩之间早已战争不断、硝烟弥漫。以往，一碰到他晚归，我一准打电话过去，责问一番。我在电话里称呼他都是连名带姓，声音干脆得像冬天的冰凌，冷、硬，似乎要用坚硬的声音和气势，让他无法拒绝我。事实上，他从来都没听过我的。现在，我只会轻柔地问一声："老公，你什么时候回来？"他竟然不再像往常那样，不耐烦地一哼了事，反而满带歉意地说："快了，快了！"我随后发个嗲嗲的信息给他："乖老公，等你！"效果大相迥异，他肯早回来了，即便回来迟了，也愿意给我解释。

我也跟我家闺女发嗲，她五周岁，昏天暗地地捣乱，上天入地地调皮，每当我训斥都失去效果的时候，我就发嗲。有时我会说肚子疼，而且"疼"得有模有样。她一看乖滋滋地待在我身边，边帮我揉肚子，边学着大人的样子吹气减轻我的疼痛……我在心里大唱幸福之歌！

难怪表哥一直在寻找会嗲的女人。女人如水，不会嗲的女人好比一潭死水，少了一些味道。会嗲的女人懂得，嗲如微风过处满池泛起的涟漪，水因为涟漪更灵动和风情！

前车之"吵"，后车之"容"

彼时，我和老公还是男女朋友。准婆婆与我颇投缘，她把年轻时候的往事掏心掏肺地告诉我，她和公公婚姻的缔结既非媒妁之言，也非父母之命。他俩是青梅竹马，自由恋爱，进婚姻围城的方式是旅行结婚，他们实属那个年代婚姻中的"潮"一族。这样说来公婆的婚姻可不是沙上筑城堡，空中起楼阁，跟现在的年轻人一样是用美好的爱情打下坚实基础的。

我自进嫁入婆家门才大惊失色，原来有爱情的婚姻也一样矛盾重重。公婆之间大吵没有，小吵不断。婆婆脾气急躁，做事麻利，追求完美。公公则温吞如凉白开，凡事慢一拍，得过且过。自打我们结婚后，两位老人就商量好，退休的他们做我们强有力的后盾，家里一应大小事务都不要我们操心，让我们专心忙自己的事业去。

婆婆每天凌晨四点半准时起床，洗衣、拖地、做饭、买菜……公公看婆婆辛苦自是不肯袖手旁观。他主动要求去买菜，可当他把买来的菜交到婆婆手中时，她却一个劲嫌他买回来的猪肉膘肥骨头多，韭菜青菜黄叶多，再一听价格，她立马数落他："你见毛就是个鸭，也不知道讨价还价，白白地丢了几块钱。"婆婆忙得火烧火燎时刻，公公很有眼见地抢着去干拖地的活，婆婆又拉下脸来一通责怪："你干活还不如歇着去，谁让你拖厨房，拖得湿漉漉的，要怎么走路？"

公公做了许多事却没落得婆婆一句好。此后，他就做甩手掌柜了，除了看电视就是玩手机，整天无事人一个。家里所有的活都落到婆婆一个人身上。日子一久，婆婆的身体出了问题。她一个劲叫唤胃疼，我们带她去城里的医院做了胃镜检查，她患了糜烂性胃炎，医生嘱咐她一定要好好调理，多多休息。

老公心疼他妈，在我面前抱怨他爸闲人一个，竟不知道帮他妈做做事，把他妈累出病来。我站在公正的角度说，这可不怪公公，是婆婆太追求完美，太挑剔，太强势。她总是以为自己做出来的事才是最好的。其他人做事不落好，谁想做？

前车之"吵"，后车之"容"，从公婆的婚姻中，我和老公琢磨出，对人得宽容，对亲爱的人更要宽容。

婆婆生病，需卧床休养的这段日子，家里诸事需要我们自己动手。老公和我一起挑起家务活的担子。我洗衣，老公就上阵淘洗和晾。虽然他淘洗的时候，也不知道把内衣和外套分开，但有什么关系，他总算淘洗干净了。我对他说："幸亏有你，我才轻松点！"我掌勺烧菜，菜烧得咸了一点或者淡了一些，老公不但不批评，还笑眯眯地夸赞我有做大厨的潜质。因为我们对彼此的宽容，并佐以对对方的体谅和疼爱，这段婚姻中最艰难的日子，我们却过得如糖似蜜。

情人节，不秀恩爱

　　他在未成为我的"最大麦穗"之前，也肯慎重对待文艺女青年我的浪漫细胞。情人节被他演绎得有声有色，左手一扎玫瑰，右手一套《张爱玲》全集，如桃木剑收妖般震住女文青我，竟然知道我喜欢张爱玲？KTV里再深情吟唱一曲《我的眼里只有你》，如此魅惑了我之初心。

　　这都是从前了，据说爱回忆的人都变老了。晃眼我和他的婚姻走过十多年，我们也算老夫老妻了。自打结婚后，这理科男的浪漫天分就像烈日下的水珠，转眼无影踪。

　　都说不会过日子可以看邻居。我一根手指戳他的脑袋，让他瞧瞧左边邻居家的老公。人家夫妻俩的婚龄可比我们长一大截！老公送给老婆的情人节礼物是一怀捧不下的玫瑰外加一套豪华化妆品。他把小眯缝眼瞪得牛大，很正儿八经地问我："你是真不知道，还是装的？"那家老公是所谓的成功人士，他老婆曾遭遇小三来袭，为表忠心，情人节这一天，他一定高调地秀秀对妻子的爱。我立马心虚地对左边邻居的情人节礼物闭口不提。

　　那觑觑下右边邻居家的情人节，他们夫妻俩和我们是一样的工薪阶层，婚龄只长我们几个月。右边邻居老公玫瑰花是不买的，因为那不划算，买来也没什么用，不能吃不能喝的。他的情人节礼物终于新鲜出炉，一盒心形巧克力。不过，气得他捶胸顿足的是曾那么爱吃巧克力的她一个也不吃，只管招呼孩子来饕餮，还吩咐孩子给我家孩子送些来，以回谢上一次我家端给她孩子的蟹黄羹。她说："邻居好，赛金宝！"情人节的惊喜浪漫剧，被她篡改成邻里互助的生活剧。我家那人啧啧夸赞邻家老婆是过日子的好手！

我不管他明示还是暗示别人家妻子的明白事理，只管装聋作哑，要求他给我过个隆重的情人节。他慢条斯理地说："今儿不过情人节，要过就把日子天天过成情人节！"

细细想来，还真是他说的那么一回事。谁说，只有在情人节送玫瑰花才代表爱，寻常日子里生病的那一刻他亲手冲好的药不叫爱？只有情人节的烛光晚餐才叫爱，在寒冷的冬天帮你掖被头不叫爱？情人节这天口口声声说"爱你"就会是铁打金铸永不变的爱，而在你难了、累了、病了不离不弃不是爱？

在平日柴米油盐的生活中，他对我的爱早已随物赋形，深入生活的每一细枝末节。那么，情人节这天，我也收起自己的矫情，一如往常过风轻云淡的日子，不秀恩爱！

像泾水和渭水那样相爱

初恋爱时，强大的感情磁场，招引得我俩不知云里雾里，真像歌曲中唱的那样：敲碎一个你，打碎一个我，和水成泥，再捏一个你，再捏一个我，永不分离。相互的一颦笑是昙花绽放，一蹙眉是晴天起惊雷！当爱平稳地驶入婚姻的港口，日子陡然从云端落到实地，再也不是水中月，雾里花，我们两人的本性开始自然流露。

再经过电影院，鲜亮的海报一如往常粘住我的眼，他却视若无睹，大踏步迈过。海报上宣传的影片是《将爱情进行到底》，我迷徐静蕾的知性和感性，她的影片总能打动我的心。但这会儿，他嫌徐才女的电影婆婆妈妈碎碎叨叨，坚决不愿再陪我去看！他让我走，我让他留，最后我们分道扬镳，各干各的事去，他回家抱着电视看体育频道，我独自在电影院里晃过一晚上的时光。

他还是像以前一样喜欢参加朋友们的聚会，觥筹交错间大侃黄金、石油、股票、房子的涨跌，中韩局势、足球的赛事……神吹胡侃中他们一个个满面红光，一个比一个更滔滔不绝，好像他们能决定一切走势的样子，在场的女人若能时不时作娇声附和，或者听到开心处笑得花枝乱颤，倒也能添加这一群大老爷们的兴致。可惜我性格内向，不擅交际。我往桌上一坐，像孤灯下的影子，寂寂寥寥的样子，使他们一桌的人都不自在。其实，我更不自在，我一点都不喜欢这些喧嚣得过分，泡沫般热闹又虚无的聚会。

如此这般纠缠了数次后，我们之间硝烟四起。后来决定紧握的双手，稍稍放开一些。他去参加那些聚会时，我选择独自一人去看电影，没有他的陪伴，有些寂寞，但并不忧伤，寂寞也有它让人着迷的独特美丽。我重拾以前的爱好——阅读和写字，待在家里，窝在电脑上开博客、微信公众号，写自己的心情和生活感悟，交三两个志同道合的文字好友，偶有闲情，也把自己的文字拿出去投投稿，竟然被编辑老师赏识，换得二三两银子，买了喜欢的书和花送给自己！

还在空闲和一帮闺密聚会，扯到婚姻，她们羡慕嫉妒恨地抛出疑问：我和他最没有夫妻相，从相貌到性格如此泾渭分明怎么也可以过得这样幸福？她们真是一语中的，婚姻中我和他真像泾水和渭水一样分明，我们因为爱，千里迢迢汇聚。虽然没有变成你中有我，我中有你的模样，却携手拓宽爱的河流，这宽了的河流有更强大的力量，可以应付烦琐，敌过光阴！

流言败于美满

　　我嫁到婆家后，在居住小区外的街道上，竟然遇见大梅。这是我多年后，第一次遇见大梅。她一如当年，大圆脸上一双圆眼睛，体型高高壮壮，站出来比一般男人还魁梧些，她也认出了我，招呼了我，她就住在我们附近的小区里。

　　我认识大梅的时候，还是小丫头，我跟二梅是同学，时常去等二梅一起上学，因此，也就认识了大梅。我们还在读书，大梅已经在厂里上班了，她们的母亲去世得早，家里又有姐弟三人，是读书苗子的大梅早早辍学去挣钱，帮着父亲养家。提到大姐，二梅很骄傲，大梅对自己很小气，拿了工资一分不舍得花，但二梅和弟弟要个什么，她总是满足他们。

　　其时，大梅获得小镇上老一辈人的交口称赞，他们夸大梅踏实勤劳、明理懂事，谁家娶回去就是娶了一个聚宝盆。

　　小镇人口简单，可供的谈资不多，谁家闺女找了对象总引得人们言论品评一番，但没有谁像大梅那样，掀起轩然大波。人们对大梅的言语之风，突然调转头来，从以前的激赏变成恶声恶语的批评。据说，大梅跟她厂子里的一个男人总是一路来，一路去。那男人有妻子，他的妻子跟大梅是不一样的女人，那位妻子，脸色苍白，身子瘦弱，一阵风就能刮倒的样子，有人说，那女人得了绝症。谁知道呢？谁也没亲眼看过医院的诊断书。风言风语愈演愈烈，都说姑娘没妈教一不小心就走错路，大梅妈要是在，一准不会让她走到拆人姻缘的路上去。

事情没出乎人们的预料，男人的老婆果然去世了，大梅好端端的一个黄花大姑娘，上门做了后妈。大梅姑姑在她妈坟上哭天抢地了好几回："我这做姑的，说不住她，她这是要千人骂万人嚼啊……"就这样大梅出嫁了，成了镇上特大号的新闻。

从此以后，我再也没见过大梅，流言也渐渐消失在时间里。没料到，这么多年后，我与大梅还能山水相逢。我见到的大梅没见老，还是当年那副雄赳赳气昂昂的神态。再后来，常与她碰见，知道了她结婚后的日子。当年，她和男人结婚不久后，两人所待的机械厂就倒闭了。男人去学了驾驶，他俩借了钱买了一辆中巴车，承包了城里交通公司的几段线路，男人驾驶，大梅售票。两人都肯吃苦，披星戴月归来，男人不急不躁，在路上车开得稳当，大梅售票热情周到，碰到年老的人，大梅总要跳下车去搀扶一把，他们夫妻这辆车总是挤挤挨挨地载满客，理所当然挣了不少的钱，在城里最好的地段买了一套房。

又有一次，我去医院，碰到大梅的父亲，他在医院做保洁工，说起大梅、二梅、儿子，他都极其称心。他的生活费大梅每月固定给上几百，二梅远嫁，逢年过节回来给得多。儿子在外省的一个飞机场找到工作，也在那儿买了房，房子的首付大梅和二梅竭力帮扶了一把，现在儿子小两口只要还贷款就好，老人对大梅的婚姻再也没有异词。

小区附近的母婴生活用品店开业，爆竹震天响，还请了舞龙舞狮的队伍来热闹，孩子牵我的手走进去观看，一看，店主是大梅夫妻俩，大梅热情招呼我。我问大梅："车子不跑了！"她笑答："车子给大儿子夫妻俩跑！"我惊诧："大儿子都结婚啦！"大梅乐滋滋地说："是呀，车子给大儿子夫妻俩，我们再开个店，接着混日子，还有一个小的呢！"大梅指着远处比我家孩子大不了几岁的小儿子。

大梅生了一个男孩，男人的前妻留下一个男孩，两个男孩都是大梅带着。小区内外倒从来没有人说大梅这后娘一句不好的。

偶尔路过母婴生活店，又看见大梅抱了一个粉雕玉琢的小婴儿在哄，我诧异地问："这孩子是谁家的？"大梅喜笑颜开地回答："大儿子家的，小孙子呀！"看大梅满面笑容，我也打趣："你这奶奶倒年轻呀！"她也知如己般告诉我："城里早先买好的房子给了大儿子！现在开这母婴用品店，一边挣钱给小儿子买房，一边帮大儿子带孩子……"我看着大梅实诚的脸说："你真是打的如意算盘，样样美满！"

幸好没有AA制

父母那一辈人大多是这样生活的：男人在外挣钱养家，女人在家相夫教子。那辈人信奉这么一句话：外面有个挣钱手，家里有个聚钱斗。父亲挣的钱除了留几个抽烟的小钱外，一子儿不落全交到母亲的手中。

等到我们长大成人，80后新一族，独生子女第一代，宣扬自己的个性，主张生活自由。自然，父辈的生活模式我们不会沿袭。

初结婚时，我和老公两人气场相当，谁也不管谁的钱，有个抽屉专放两人的工资本，谁要用钱谁就取来用。还好我们都属节俭型的，时间不长，我们俩就共有了一笔小小的积蓄。

此时，遭遇了这样一件事，公公原来是一家事业单位的员工，那家单位倒闭后，公公的养老保险金就一直没有交。国家有了政策，如果自己补交上那段空白，到年龄后，每月都有可观的养老金可领。按说这是好事，应该毫不犹豫地去补交上才是，但公公手里一分钱都拿不出来。

公公跑来跟老公商量，想要老公出这笔钱。我因为结婚时，公婆既没给我们买婚房，也没送个一金二银的首饰，心上并不想拿出这笔积蓄来！再说我已经怀孕了，生孩子也得准备一笔钱。老公说拿钱，我犹犹豫豫地吞吞吐吐没有答应。

到后来，老公说："如果你不愿拿出钱的话，那以后我们的钱就AA

制，现在流行这样，你的那份钱算我借你的，我会还你的！"

我一听心上仓皇，认真思索起来：这AA制，哪里还有情意？简直就是借贷双方。其实，婚姻就像一艘船，风平浪静的日子里，怎样都好，你划桨还是我撑船都无所谓，但当风雨来临，一定要一起肩并肩迎上去，击退风雨，婚姻之船才可以走得更远，不然只会被暴风雨倾翻。

我心明朗，不再犹豫地说："夫妻不能AA制，你全拿去吧！"老公拿这钱给公公交了养老保险。

不久，公公拿到年轻时候借出去的一大笔钱。当初私逃的债务人二十多年后竟然又回来了，这人把钱如数还给了公公。公公把这笔钱交到老公手里，老公又交到我手里。他说愿意让我掌管家里的财政大权。

可惜我迷糊的性格，隔三岔五就丢钱，真没有管钱的天分，随着我们俩积蓄的增加，我赶紧地把财政大权下放给精明细致的老公。

后来，再遇风雨，就是我父亲生了重病，老公像对他自己的父亲一样，毫不犹豫地拿出积蓄为我父亲治病。

长久的日子过下来，我不免幸运地感叹，还好当初没有AA制，我们的爱情和婚姻才这样坚实。

爱是那些枝枝末末的记得

结婚十二年，如今，我发现老公再也不会送我玫瑰花，不会一口一个"宝贝"地称呼我，出门一整天也不会打一通电话汇报行踪，偶尔陪着逛一回街，看着试衣镜前面的我，直接生硬地吐出："这件不合适！"从前委婉曲折的话语："你要是丰满些穿这件好看！"都不知道逃遁到哪儿去了？

闺密们总结：女孩子纵身一跃入婚姻城池，以为如鱼儿一蹦入水中，和亲爱的那人如鱼得水般悠游。谁料得柴米油盐蜂拥而上似杂草缠绕，令人窒息。更可气本来风清月白般浪漫的那人，一如死鱼再也不肯蹦跳，拿出新鲜劲对待我们。

即便这样我也不愿从婚姻城池中跳出来。因为记得那颗初心，他是我选的，是爱我的人，也是我爱的人，执子之手，与之偕老。我要用心和慧眼来分辨他的浪漫和爱是消失了，还是换了一副模样守护在身边？

我常用电脑，皮肤粗糙，生痘生瘢，皮肤科医生建议多喝白开水。平日，我最讨厌喝寡淡无味的白开水。他恰恰相反，每日水杯不离手。自此，他每日给自己倒水一定也顺手给我倒上一杯蜂蜜水，放在我的电脑旁，等水稍凉就会提醒我："蜂蜜水可以喝了！"

出生农民家庭的我，家境贫困，从小到大一路吃辛历苦，胃痛、头痛、感冒等小疼痛向来不当回事。但每每在他面前矫情地叫唤："胃疼、疼、疼！"他立刻叮嘱我上班经过药店的时候，买一瓶胃药来吃。我肯定是不买的，典型的"有病不吃药"的性格。他晚上回来，一准会往我的手心里放上一瓶胃药。我的胃已经不疼了，但看到药瓶，一阵欣喜泛上心头，原来他记得。

有一次，他体内生了结石，下午进手术室做手术了。他问我："知道家里储蓄卡的密码吗？"我答："你以前说过，但我一个也记不住。"他把密码给我说了两遍，又详细解释用此密码的原因，好帮助我记忆。最后他郑重地说："知道你会忘，所以家里邮政卡、工行卡、建行卡……所有卡都用同一个密码。"下午，他被推进手术间旁的房间等候，医院让我去交钱，刷卡的时候果然就要密码了。我摁密码的时候心里想："幸好他一早教我背过密码了。"他做完手术，刚被推到病房里，意识模模糊糊中看到站在床边的我说："你麻醉的瓶儿退给人家了没？"啊，我真的忘记医生嘱咐过，手术结束后，要去退掉麻醉药的小瓶儿。我立马找医生去。我总是这么迷糊，而他总是能记得我性格的缺点。

婚姻中的浪漫和爱，不再是艳丽的玫瑰花，不再是动听热辣的情话，而是朝朝夕夕两人的相处中，那些枝枝末末的记得。

不曾藏在玫瑰里的爱

　　一个女友，每年的情人节都会收到老公送的玫瑰，一大捧，九十九朵！与她年龄、婚龄相差无几的我们怎么能不"羡慕嫉妒恨"？尤其那会儿刚入婚姻，年纪尚轻，觉得她老公才是真的爱她。回来便跟自己的老公一顿吵闹，情人节都不重视，玫瑰花一朵都没有，他的爱在哪里？老公会反问，爱一定要用玫瑰来表达吗？

　　细细想来，他除了恋爱的时候送过我玫瑰，结婚后一次也没有送过！他的爱是消失了吗？

　　我胆子小，不敢学开车，但又特别羡慕别的女人能把汽车在路上开得风驰电掣。他就在我身边斩钉截铁地说："你肯定能学会开车！"我在他的鼓励下报了名，他每天抽出时间送我去驾校，晚上再去接我回家。上考场的前一夜，住在宾馆里候考的我紧张得失了眠，半夜打电话给他，他从酣睡中醒来，在电话中安慰我："一切都会顺利的！"我果真顺利拿到了驾照，这里面怎么少得了他的付出？

　　每一次去超市购物，那么多大大小小的袋子，他总是一把从我的手中夺过重袋子，把轻便的留给我。有时候，甚而我是空手，他大包小包满手。

　　因为自己的文学爱好，每晚我总是早早就坐在电脑前，逛空间、看博客。这时他就都会倒上一杯开水，里面调上一勺子蜂蜜。他把蜂蜜水端到我手边，紧跟着叮嘱一句："开水还烫着呢，要凉下再喝！"有时候，我又因为构思一篇文字，忘了喝水，在另一台电脑上闲逛的他仿佛长了火眼金睛能穿过墙壁看见书房里的我，大声提醒我："蜂蜜水要冷了，赶紧喝呀！"

每逢假日他会主动提出："我们去看看你妈？"父亲去世后，母亲是一人独居。他会在临走前掏口袋，拿出几张票子放我母亲手里，让她多买点好的来吃。我说给三百，他总是要添上两百。母亲常常在邻居们面前炫耀："我女婿对我比闺女还要好……"我暗想这就是爱屋及乌吧！

这样的他没在情人节送我九十九朵玫瑰，又有什么要紧？虽然，他没能像别的男人那样把爱藏在玫瑰里，但他把爱放在了细水长流的光阴里，放在了烟火平淡的生活里，他总是真心真意地待我，把每一日都过成了情人节！

零彩礼的婚姻，一辈子的深爱

1

参加完表弟的婚礼，我没回自己的小家，而是陪着妈妈回了娘家。到家，妈妈脸色立刻晴转多云，把整个身体重重地丢进沙发里，那样子疲惫极了。我奇怪地问："妈，你身体不舒服？"她朝我摆摆手，有气无力地说："我心里难受，我这是被你弟气的！"

妈妈心里在担忧小弟到现在还是孤孤单单的一个人，表亲姨亲的兄弟姐妹都跨入了婚姻的围城，连比小弟小三岁的表弟也结婚了。为人父母，怎不由得妈妈心急火燎，接连唉声叹气。

看着妈妈这副模样，我泛起一阵阵心疼，赶紧拿起电话打给正在厂里上班的小弟："你最近有没有找女朋友？"小弟还是那副姜太公稳坐钓鱼台的架势，嘴里连连推说："老姐，你不要急，不急！"我义正词严地训斥他："我是不急，你要把咱妈急出病来？我饶不了你！"这厢挂了电话，我就开始安慰妈妈："看小弟语气里的情形，似乎有中意的姑娘了，难道老实本分的他私藏了一女友？"我又劝妈妈少安毋躁，路遥知马力，日久见"女友"。

169

2

妈妈哪是我劝说得了的，固执的她开始发动通家亲戚、旧时村庄上的小姊妹，总之七大姑八大姨都出动了，纷纷又拉开自己的关系网，撒网般给小弟物色合适的女孩子。我远方的表姑，给小弟介绍了她邻居家的女孩子，据说女孩子长得眉清目秀，跟小弟有一样的手艺，做玻璃制品。更有缘的是，小弟小时候去表姑家做客，小弟和小姑娘还是要好的玩伴，因为小姑娘夸赞表姑家屋后小河里的荷花好看，小弟便奋不顾身去攀折，涉水的时候脚一滑掉小河里去了，不会游泳的他差点被淹死，幸好小姑娘机灵喊来了表姑，及时把小弟从小河里捞上来。表姑提起这段往事就不寒而栗地说："幸亏呀，幸亏，不然我这做姑的这辈子良心不安呀！"事情总是两面的，当年的糗事现在变成了好事，借着这段往事，表姑给姑娘提了小弟，姑娘回忆起当年，毫不犹豫就给了表姑面子，答应与小弟见面。

小弟却忸怩了，死也不肯去表姑家。妈妈最后发了脾气："你不去见，就不要回来见我！"孝顺的小弟，拗不过妈妈，只能去见这姑娘。在表姑家喝茶的时候，他自始至终都没有看人家姑娘一眼，人家姑娘跟他说话，他就"嗯""啊"的只用语气词来回答。最后，人家姑娘提起小时候的事来，他倒是说了一句长句子："啊？还有这么回事？我咋不记得了？"姑娘彻底无语了，最终的结果，这事黄了。表姑气坏了，毫不留情地在妈妈身边数落小弟人情不练达。

妈妈又把心中的怒火发在小弟身上，开始吼他："你是我儿子，怎么就不能像别人那样，找个媳妇……"妈妈真发火了，小弟只得亮出他的底牌。都说人不可貌相，海水不可斗量。果然，循规蹈矩的小弟走的竟是最潮的恋爱路线——网恋。全家人把一堆词砸向小弟，不靠谱、发神经。说天说地都没有用，他患了爱情病，且病已重入膏肓。

3

不久，小弟的网上女友从外省千里迢迢赶到这里与我们见面。女孩高挑的个儿，小巧的鹅蛋脸，双眼皮大眼睛。她见人一脸笑，爸爸妈妈问什么她就客气而有礼貌地回答什么。妈妈说："小吴，你做什么工作？"她沉稳微笑着回答："阿姨，我是在一家超市做收银员。"妈妈又问："小吴，你家姊妹几个？"她定定当当地说："阿姨，我家姊妹两个，我是姐姐，下面还有一个弟弟。"她不但在外形上胜过小弟，难得待人接物也很大方得体。再看小弟和她你侬我侬、卿卿我我的模样，似乎网恋见光死的传言已化为泡沫。爸爸妈妈乐得合不拢嘴。

我们全家人不得不相信那句古老的预言，有缘千里来相会，无缘对面手难牵。他们千里走单骑，见过数次面后，妈妈开始积极筹备他们的婚礼。有关婚嫁的枝枝末末的细节扯到彩礼上，妈妈直接问小吴姑娘："小吴，你们那儿的人家，男方给女方的彩礼钱是一般是多少？"小吴羞羞答答地开了口："阿姨，我们镇上一般人家给女方彩礼钱不少于三万，另要项链、钻石戒指、手链一整套的！"我妈大吃一惊："啊，这么多！"也不怪妈妈惊诧，其时我做了教师，工资一个月才一千块，我算了算，小吴要的彩礼，我必须不吃不喝工作两年多才能凑够。小吴姑娘没看到我们为难的神色笑嘻嘻地说："阿姨，我们那姑娘出嫁都得这样的！"

我撇开小弟，把爸爸、妈妈拖到厨房里，朝他们耳提面命："这女人狮子大开口，骗子行骗的吧？甭说我们家没有这钱，就是有这钱也不能给她骗去？"我爸妈都是农民，供我读了大学，又为小弟在小镇上准备了一套三层的楼房，他们早已囊中羞涩。我发现在我义正词严控诉小吴姑娘的时候，爸妈都未接我的话茬，只是一个劲盯着门外。我转过身来，尴尬地发现小弟的女友——小吴姑娘正站在我身后，她怒气冲冲地朝我吼："你说我是骗子，我骗什么了？我这就回家，再也不骗你们家东西了！"

4

小吴走后，小弟倒头就睡，一连几天茶饭不思。爸爸妈妈哪里看得下去他们的宝贝儿子这么虐待自己，立刻拿出仅剩的五万块积蓄，交到小弟的手里，让他和小吴姑娘好好和解。

而就在此时，平时一直吃饭可以用狼吞虎咽这个词来形容的爸爸，突然吃饭慢了起来，他吃一口饭总要喝两舀子汤，才会觉得舒服。后来发展到连咽口水都有些不舒服，我们再也不听他的那些推脱之词，强制地带他去医院做了检查，真的是我们最害怕的结果，爸爸被诊断为食道癌。小弟毫不犹豫地把爸妈给他作彩礼的钱又捧了出来，给爸爸做治疗费。没经过人生任何重大劫难的小弟，在给他的女友小吴姑娘打电话的时候，在电话里没说到两句就哽咽起来，到后来他像个孩子般号啕大哭地说："彩礼没有了，婚姻没有了，怎么还让爸爸这么痛，让他那么痛……"

小吴姑娘听了小弟的话后，没有挂掉电话，也没有把小弟当作陌生人，反而一刻也不停留地从外省赶过来，来到了我们身边，当她站在小弟的身旁时，爸爸冷若寒霜的脸上也露出了久违的笑容。小吴姑娘这次在我们家一住就是一个月，她帮着我们一起照顾爸爸。爸爸有时还会冲我和妈妈、小弟发脾气，只有小吴姑娘让他吃他就吃，让他休息他就安安稳稳地休息。爸爸发怨不肯吃药的时候，只好请小吴出马，小吴端了一杯水塞他手里，然后乖滋滋地往爸爸身边一站，再多再苦的药，爸爸虽皱眉，却一点不剩地喝掉。随着爸爸的身体每况愈下，小吴姑娘决定与小弟结婚了，她对小弟说："我不为你着想，我也要为你爸爸着想，老人还有多少好日子，我们谁也不知道。"而此时的我们家，是真的拿不出一分钱的彩礼来。

小吴姑娘和小弟是裸婚的。

5

小弟和小吴结婚不久后，爸爸去世了。我和小弟心痛之余的唯一安慰是，总算在他有生之年，让他看到小弟找到了媳妇。小弟背地里曾对我说："姐姐，我一辈子感激小吴，我会一辈子对她好！"带着这份心，小弟努力经营着他们的婚姻。发了工资，工友们吵闹着要一起ＡＡ制聚餐，小弟不愿意，他一分都舍不得用在自己的身上，他给家里装了空调，他知道小吴是湿寒性体质，夏天特别怕热，冬天又特别怕冷，有了空调身体会好受得多。他也从不参加工友们组织的喝酒、赌钱、唱歌等所谓的放松身体、调节心情的休闲娱乐项目，一切空闲的时间都回来陪小吴，知道安徽来的她，在我们这觉得孤单，他对小吴承诺："婚前少你的东西，会一样一样补给你的！绝不做让你伤心操心的男人。"而小吴总是娇俏一笑："我图你东西，我还嫁你呀？我舍不得我们俩的感情！我图你这个人跟我好好过一辈子，对我好一辈子。"一年后，我的小侄女萱萱出生，是小吴取的名，萱，是萱草花，又称忘忧草。小吴的意思是，忘记以前所有的不快乐和悲伤，好好幸福地生活。

而现在，他们的婚姻生活正明媚灿烂，像盛开的金黄色萱草花。身边的每一个人都能感受到他们的幸福，我也会常常感慨，小弟和小吴姑娘虽然是零彩礼的婚姻，却对彼此许诺了一辈子的深爱。

其实美满的婚姻从来与金钱无染，只跟人们的真心有关。

一台缝纫机里的爱

还是先生女友的那会，我就注意到它了。它待在公婆的床头，身上罩着套，套子一直垂到地面，套子是草绿底上撒白色碎花，远处看这物件像姑娘穿长裙，秀气婷婷。好奇心重的我问过先生，先生说："不过是一台旧缝纫机。"

结婚后，我终于可以无理地掀开套子，上上下下认认真真地打量它，真的是一台旧缝纫机。它用铁铸的身子，光滑的铁平面上有两只蹁跹起舞的"彩蝶"，用赭色的木头走边镶作外壳，木头已经有些开裂，下面是铁支架，支架上的黑漆已经剥落，颜色斑驳。婆婆说这台缝纫机当时也是名牌——"蝴蝶牌"。至今，有三十多年了，家搬过四回，家具也换了四朝，唯有这台缝纫机没舍得扔，怕它跟新式家具不搭调，她亲自给它做了个时尚漂亮的套子。老了的它，穿了套子，可作一个小小的漂亮实用的摆台，随手放些日用品。

公公和婆婆曾是青梅竹马，等长到适合婚嫁的年龄，公公是村上人见人夸的帅小伙，还有一份稳定的职业，他是县上农科站的一名技术员，村里很多姑娘偷偷爱慕他。从城里下乡来的时髦、漂亮的知青王姑娘，也常借着问韭菜和麦苗的区别，往公公家跑得勤快。

婆婆觉得自己一无所长，开始自卑，见了面也不再跟公公说话。想必公公心上也是有数的，他存了四个月的工资，共一百块钱。他把这钱交到婆婆手上，让她买一台缝纫机，学个手艺。要知道，那个年代缝纫机是稀罕物，能用缝纫机做衣服的姑娘更是凤毛麟角。

聪明的婆婆不久就学会了裁剪、缝制各式衣服，常常能照着时装书做出姑娘们想要的旗袍、裹裙什么的。婆婆的手艺引得大伙儿交相称赞。人靠衣装，婆婆也给自己缝制了漂亮的衣服，整个人变得漂亮大方了。十里八村的人，都知道有这么个心灵手巧的美裁缝。上门求亲的人简直要踏破门槛了。

公公和婆婆就是在这时成婚的。公公家姊妹众多，其时家境窘困，他们连房都没有，就用茅草搭成小坏屋做了新房。婚后，两人同舟共济，公公去县里上班，为省钱从不乘车、搭船，三十里的路全部步行，婆婆帮人做衣服，直到凌晨。很快，他们砌了一座砖瓦房，后来他们买了村上第一台电视、沙发、电风扇……成为村庄上人人羡慕的会过日子的夫妻。他俩毫不松懈，凭着双手，又把砖瓦平房换成了敞亮的楼房，房的地址也一路变更，从小村子到镇上，又从镇上到城里。

而这一路见证他们幸福的，是这台比我岁数还大的缝纫机！

"笨男人"结婚记

彼时，家族里的兄弟姐妹，到了适婚年龄。除却姑姑家表哥，纵观其他人总有些欠缺的地方：其貌不扬、性格沉闷、经济能力差，不一而足。长辈们担心我们的婚姻不顺利自在情理之中，不过他们忧戚小辈婚姻的心思，怎么也落不到表哥身上，就像谁也不信冬天的雪会飘落到夏天里来。

表哥身材挺拔，星眉朗目，在一家大卖场里干着市场部经理的工作，姑父早些年就帮他买了房，他属婚恋市场上极为抢手的"经济适用男"。然而，老天往往爱把人们笃定的事儿掀翻，通家兄弟姐妹，做了剩男的却是表哥。

每每众亲戚团聚，姑姑提及未成家的表哥，话未说，先红了眼眶。为了姑姑，我也得过问一下表哥，征战情场这么多年就没有一个能携手走入婚姻的？

原来，能入表哥眼的一律是那种会撒娇、嗲嗲的风情女人。最初时，他一门心思爱上了一位叫小艾的姑娘。小艾身材婀娜，最动人的是一头海藻样的长发，长发随风飘扬，气质楚楚动人，但凡她嘴一嘟，表哥就没有不照办的。她在一家精品店做销售员。

表哥对小艾姑娘，每天早送上班晚接下班，晴送零食雨送伞，他一年的薪水大多花在了她身上，美甲、美容、烫发、衣服、饰品、包包……

一次，表哥刚领了薪水，恰逢她弟弟来找她，她兴高采烈地拉着表哥去给弟弟置办了全身衣服，又给弟弟买了一部最新上市的苹果手机，表哥的荷包一下子干瘪如初。当表哥把这些告诉我的时候，我恨不得骂得他狗血淋头，但凡真正爱上的女人，是舍不得让对方花太多钱的。这姑娘并没有真正爱上表哥，她不过把表哥当着一部随时可取款来花的取款机。表哥这笨男人却坚持着，爱一个人就要给她最好的宠爱。果然，当表哥提出结婚的时候，这姑娘以父母不同意为由，跟表哥分手了。

表哥第二个爱上的女人是位昵称叫妮子的姑娘。妮子一副小家碧玉的长相，甜美清纯，她倒不是那么物质，她不爱"买买买"。据说，她主要恋上了表哥的温柔体贴。她患有荨麻疹，忌讳的饮食颇多，不论去哪儿吃饭表哥都牢记在心头。表哥还常常在寒冷的早晨起床熬桂圆蜜枣糯米粥，送到她的租住屋。表哥觉得她一定会成为我们的表嫂。表弟的生日宴，她和表哥一起来参加，不过，她并没有主动上前来认识姑姑姑父，饭桌上，她沉默不语，只是埋头吃饭。当一个女人，并不想认识男人的爸妈和亲朋好友时，她的内心对这份爱情肯定是抗拒的。果然，当表哥提出结婚时，她说了分手，她是嫌表哥的岁数比她大了六岁之多。

等遇到晶雅的时候，剩男表哥曾经枯竭的心又活络起来，颓败的热情又被点燃，热火朝天地邀请我和老公与晶雅见面，把酒言欢。我们四个人相谈甚欢，表哥告诉我们，他和晶雅打算见父母，晶雅什么都听表哥的，让见父母就见父母，一点也不推拒，表哥要给她买衣服，她就羞涩地表示，不需要那么花钱，她还一个劲地恭维我，长得漂亮，像某电视台的一个主持人。其实，不是我真漂亮，而是她爱慕着表哥，爱屋及乌地觉得他身边的人和物事都好。我极其赞成表哥和晶雅的恋爱。果然，他们很快走入婚姻的殿堂。

我家的笨男人终于结婚了，姑妈脸上露出久违的笑容。

如果爱，就互相疼爱

看到一个城市的民政部门的统计数据，某一天，领结婚证的夫妻130对，办离婚证的夫妻126对。相比现在年轻夫妇视婚姻为儿戏，闪电结婚和离婚，前一秒是卿卿我我的爱人，后一刻却转身成陌路人，我更喜欢上一辈人"执子之手，与子偕老"的爱情和婚姻。

我的父母当年婚姻的缔结，是父母之命，媒妁之言。他们是一对贫穷夫妻，"穷"像一条忠心耿耿的狗围着他们转，他们用来抵挡这只"狗"的法宝不过一个字——省。他们舍不得吃，舍不得穿，一律节省。除了"穷"这只狗，他们又招上了"病"这匹穷凶极恶的狼——六个月的儿子，肺子上生了脓。他们不得不抱着小小的婴孩，辗转各大医院，把所有的积蓄都喂了"病"这匹狼，最后还欠上了一大堆外债。被"病"撕咬过的生活真难，时常有人上门追讨借债，父母就连连许诺，秋收后还，年前一定还……

他们拼命挣钱。父亲做建筑工，蹬三轮车。母亲就给人做缝纫工，又在家里饲养了一群鸡鸭鹅，一长成就卖掉。所挣的钱，都聚起来用来还债。

他们做累了做烦了，就吵架，唇枪舌剑。父亲嘴拙说不过口齿伶俐的母亲，他常常被母亲呛得哑口无言，火大起来就摔门而去。母亲一应日常的家务活照做，但就是不吃饭——狠心饿自己。这事儿要放现在，自私的男人会想："你要饿就饿吧！关谁的事儿？"但当年母亲这招很有效，从来不碰锅台的父亲，必定去锅里盛了饭，认认真真地端到母亲面前，母亲先是不接，他就往她手里塞着，倔强地塞着。后来，母亲就吃饭了。吵架之后，母亲对父亲更体贴了，她每天晚上都从鸡圈里掏出两只鸡蛋，然后用粥汤、豆油、细白糖做成鸡蛋糖粥。我们没有份，那是做了一天苦累活的父亲独享的。

他们吵过无数次架，却从来没有说过离婚。

父亲临去世前，把我叫到他身边，唯一嘱咐我的是："我最放心不下你妈，她平时总是不肯好好吃饭，你要看着她吃饭……"母亲在一旁听见，偷偷地把眼泪擦了又擦。父亲去世后，弟弟建议母亲去他所在的城市居住，母亲不愿意。我也曾让母亲来相隔不远的我家团聚，她也不愿意，她只愿意住在和父亲生活了一辈子的老房子里。

父母走过一辈子的婚姻，让我体察到，婚姻的幸福，不能仅靠一个人的付出，婚姻仿佛一个跷跷板，需要两个人付出同样的爱给对方。

我和老公结婚十多年，很少吵架，我们都有各自的工作，在物欲不那么强烈的状况下，我们不再为钱而吵架。我们秉承了父母在婚姻中的习惯，总是互相疼爱。

有一次，老公做胆结石手术后，脾气很差，不管他向我发多大的脾气，我给他的始终是一张温暖的脸。我心疼他动刀子挨的苦，体谅他小便不能尿出来的难受，伤口不能迅疾愈合的煎熬。每天，我什么也不说，只是静静地陪着他。偶尔他太难受，我就讲隔壁病房里那位中年大叔的笑话，大叔做个小手术却比小姑娘还受不住，成天狼哭鬼嚎，骂老婆训医生。老公明白我借机逗他开心，夸赞他坚韧。饮食上，我每天也变着花样做了大米粥汤、面条、藕粉……让他吃下。

老公康复之后，对我就更好了。后来，我患上乳腺增生，药是他去买来的，回来了，他又郑重地对我宣布："我现在每天唯一重大的任务是看着你吃药。"他了解我的斑斑劣迹：一捧小说书就忘记今夕是何年；一上网，就分不清生活和娱乐孰轻孰重；柴米油盐一蜂拥而上，就觉得生活黯淡，生死有命，有病也无须吃药。他每日到时到点就端了水，拿了药袋子，把水和药不由分说地塞到我手里，我自然没得商量只能乖乖地吃了药。对于他每日的"逼药"事件，对于我，虽然嘴上苦恼，但心里却像掀翻了一罐子的蜜那样甜。

爱是平常日子里的光

两个人恋爱的日子如穿华衣美服，又新鲜又喜悦；一入婚姻，则如换上粗布衣衫，万事寻常。我和老公便过着这种寻常日子，照顾老人，养育孩子，为挣得一份柴米油盐钱而奔忙，我们在小城里做教师，他在中学，我则在小学。

小城里要召开选举教师"人民代表"的大会，大会的地址恰巧定在中学——老公所在的单位，开会的时间定在了上午的九点。我和同事们结伴而行去开会，走在冬日的路上，风冷冷地吹过来，太阳像懒起的妇人，顶着一张慵懒无力的脸，淡淡地照耀下来，我们丝毫不觉得暖和。到了会场，有伶俐劲的同事拉着我坐到了靠南窗口的位置，此时的太阳，来了些精神，光渐渐猛烈起来。靠南窗可以被暖阳笼罩。我们坐定不久，却被组织会议的人告知，这南边的座位是安排给另一所学校的，我和同事们只得听从指挥，迅速挪窝，坐到指定的位置去。

台上，几位领导正襟危坐，其中一位滔滔不绝地讲述着开场白，我不由自主去寻老公的身影，黑压压的人群中我一下子看到他，他在我的左前方，斜四十五度角的位置，西北靠窗的地方坐着。

晚上到家，我第一件事就是问他："今天几百人的会场里，你看到我了吗？"他言辞凿凿地说："看到了！"

怕他敷衍，我追问到底："我坐在哪里的？"对我的问话，他摆出不屑一顾的神情，回答道："起初你们一伙儿靠南窗坐着，后来又移到了会场中间的位置，你左边是你的同事李老师。"他说得如此详尽，我倒不好意思地笑了出来，心里却是被关注的甜蜜，他的回答瞬间点亮我的心，就像一束火焰点亮一盏旧灯笼，让人忍不住快乐起来。

又有一个晚上，他出门去了。我们有晚睡之前吃水果的习惯，我自己吃了一只香蕉，又拿了一只放在卧室里，打算留给他回来吃。半个小时之后，他回来了，蹬蹬蹬上楼来，手里却端着一只盘子，盘子里是微波炉热过的香蕉，他对我说："给你香蕉吃，我刚刚在楼下吃过了！"我大笑起来，指着桌上的香蕉说："我也给你拿了香蕉！"

脑海里不由自主就泛出了欧亨利的名篇《麦琪的礼物》，感觉我和他也是这样幸运的一对人儿。

再有一日，我在楼上的电脑前噼里啪啦地敲字，他在楼下大叫："我给你倒了蜂蜜水，里面放三个红枣好吗？"

我大声答应："好，好！"

等我把注意力放在桌前的蜂蜜水上，分明看到敞口的粗瓷杯里飘着六颗大枣，我惊喜地大叫起来："你放了六颗大枣啊！"一旁的他嘻嘻笑着回答："你想得美，我只给你放了三颗大红枣。"我又看杯子，犟嘴道："明明是六颗啊！"他哈哈大笑起来；"我把枣核去掉了！"

轮到我开怀大笑了，他细心地把一颗成年人拇指大小的红枣一劈两开，去掉枣核，把枣子都正面朝上，造成了六颗大枣的假象，他为骗到我哈哈大笑，而我为他待我的这份细致和兴致乐开了怀。

年轻的时候，他会送花送首饰，那些蓄意为之的举动，我倒并没有蓬勃的喜悦。

平淡的婚姻生活里，他的爱信手拈来，随意为之，却像光，把平淡的日子照得生机勃勃，光亮又美好！

每一场爱情都是传奇

　　那会儿准备去远方念书，到一家皮箱店买装行李的皮箱。皮箱店的老板娘志得意满地在我们面前炫耀："我家皮箱最好卖，你看中的这款刚刚被买走一个，只剩最后一个了，喏，你看！"她撇撇嘴指向门外，我看见一个男孩子拎着皮箱渐行渐远的背影。许多年后，我和那人相恋，在他家阁楼上翻出一只皮箱，恰和我拥有的皮箱一模一样，惊讶地问他当年事，果然他在那家皮箱店里买来这只皮箱。《传奇》的作者张爱玲说过："于千万人之中遇见你所要遇见的人，于千万年之中，时间的无涯的荒野里，没有早一步，也没有晚一步，刚巧赶上了，没有别的话可说，唯有轻轻地问一声，你也在这里？"我颇有些自得地觉得我的爱情真有一丝传奇的味道。

　　去表姐家做客，看到玄关处列着一只褪了毛色但依然憨态可掬的大白熊。表姐指着大白熊给我讲了她和姐夫的相恋。表姐在离家千里远的大学里做了新生，逢生日那天，因为远离父母和我们这些姐妹，她独自一人坐在位置上黯然神伤。他突然来到她面前，左手是一只小小的蛋糕盒，右手是一只大大的白熊。他把白熊塞到表姐手里，大白熊立刻唱起歌来："祝你生日快乐，祝你生日快乐……"全班的同学都知道了表姐生日，闹着起哄要吃蛋糕。精灵的表姐压下心中风起云涌的惊喜和尴尬情绪，冲口而出的竟是责问："你怎么知道我的生日？"他狡黠地笑了："我看了入学的登记名册，我们是同年同月同日生！"表姐恍如被电光火石击中，竟有这么巧的事。表姐嗔笑着回祝他生日快乐。此后，当然是爱情的一场花好月圆。

还听过他的爱情故事，年已不惑的他，读大学时是有名的才子，写出不少被人追捧的诗歌和小说。他爱沈从文的文章，他的爱情故事便是在沈从文笔下边城一样美丽而又偏远的乡村发生的。他和她毕业后同被分配到僻静的乡村小学，两颗年轻的心很快就两情相悦。在乡下如云般闲适散漫的时光里，她对他说起自己如诗的少女情怀。她说，曾经爱好文学，看过一个人的文字，那人的文字像清澈的湖面，可以倒映她的影子，引起她内心的深深共鸣。青葱的她还在心中暗中起誓，如果今生能遇见作者，一定要嫁给他。他听后，倒没"干醋乱飞"，只是云淡风轻地笑了笑。某一日，她替他收拾书柜，看到他的一个剪报本。她一页页翻开来看，当看到其中一篇正是她当年念念于心的文字时，她脑袋轰然作响，原来他就是那个作者。他们最终却散了，因为双方父母的不同意。爱情是两个人的相遇、相知、相悦，婚姻却是天时、地利、人和缺一不可的选择。没能和她在一起的他，多年后还能详细地描述这份爱情中的细节。他觉得沈从文那著名的句子，"我一辈子走过许多地方的路，行过许多地方的桥，看过许多次数的云，喝过许多种类的酒，却只爱过一个正当最好年龄的人！"似乎写的是他的爱情。

年岁渐长的我开始相信原来世间的每一场爱情都是传奇。人们对于爱情的甜蜜味道、伤痛感觉、细枝末节都不能忘，不想忘，是因为我们虽已不再年轻，曾经轻灵如荷叶上露珠的心在烟火凡俗里日渐琐碎沉重，但我们都做过一场爱情传奇里的主角，所以看着黑压压逼上来的青春年少们和他们摇曳缤纷的爱情，我们能如此不慌不忙、心平气和地活下去。